建设工程施工图识读系列丛书

建筑工程施工图识读

刘海明　编

中国建材工业出版社

图书在版编目(CIP)数据

建筑工程施工图识读/刘海明编．—北京：中国
建材工业出版社，2015.10(2019.2重印)
ISBN 978-7-5160-1248-2

Ⅰ.①建… Ⅱ.①刘… Ⅲ.①建筑工程-建筑制图-
识别 Ⅳ.①TU204

中国版本图书馆 CIP 数据核字(2015)第 143706 号

内 容 简 介

本书共分为三部分十章,第一部分为建筑施工图识读,包括:建筑总平面图识读、建筑平面图识读、建筑立面图识读、建筑剖面图识读、建筑详图识读;第二部分为结构施工图识读,包括:图纸目录与设计说明、钢结构施工图识读、钢筋混凝土结构施工图识读、砌体结构施工图识读;第三部分为建筑工程图实例。

本书内容详实,参考最新国家制图标准,引用相关实例,表述准确,语言简洁,重点突出,针对性强,可为新接触建筑工程识图人员提供系统的理论知识与方法,循序渐进,深入浅出,使初学者能够快速地了解、掌握工程识图的相关知识。本书既是建筑工程施工、管理人员的必备辅导书籍,也可作为相关专业院校的辅导教材。

建筑工程施工图识读

刘海明 编

出版发行：中国建材工业出版社
地 址：北京市海淀区三里河路 1 号
邮 编：100044
经 销：全国各地新华书店
印 刷：北京鑫正大印刷有限公司
开 本：787mm×1092mm 1/16
印 张：15.5
字 数：380 千字
版 次：2015 年 10 月第 1 版
印 次：2019 年 2 月第 3 次
定 价：46.00 元

本社网址：www.jccbs.com.cn 微信公众号：zgjcgycbs
本书如出现印装质量问题,由我社网络直销部负责调换。联系电话：(010)88386906

前　　言

　　施工图识读是建设工程设计、施工的基础，在技术交底以及整个施工过程中，应科学准确地理解施工图的内容。施工图也是科学表达工程性质与功能的通用工程语言。它不仅关系到设计构思是否能够准确实现，同时关系到工程的质量，因此无论是设计人员、施工人员还是工程管理人员，都必须掌握识读工程图的基本技能。

　　为了帮助广大建设工程设计、施工和工程管理人员系统地学习并掌握建筑施工图识图的基本知识，我们编写了《建筑工程施工图识读》、《市政工程施工图识读》、《装饰装修工程施工图识读》和《安装工程施工图识读》这一系列识图丛书。编写这套丛书的目的一是培养读者的空间想象能力；二是培养读者依照国家标准，正确阅读建筑工程图的基本能力。在编写过程中，融入了编者多年的工作经验并配有大量识读实例，具有内容简明实用、重点突出、与实际结合性强等特点。

　　本书由刘海明编写。第一章主要介绍了建筑总平面图的主要内容、表达内容和识图举例；第二章主要介绍了平面的投影、建筑平面图表达的内容和识图举例；第三章主要介绍了建筑立面图表达内容和识图举例；第四章主要介绍了建筑剖面图表达内容和识图举例；第五章主要介绍了建筑详图表达内容、外墙节点详图的识读、门窗详图的识读和楼梯详图的识读；第六章主要介绍了结构施工图的图纸目录和结构设计总说明；第七章主要介绍了钢结构识读基础、门式钢架施工图的识读、钢网架结构施工图的识读和钢框架结构施工图的识读；第八章主要介绍了钢筋混凝土结构识图基础、基础施工图的识读和主体结构施工图的识读；第九章主要介绍了砌体结构识图基础、基础施工图的识读、主体结构施工图的识读和特殊砌体结构施工图的识读；第十章主要介绍了工程图实例的内容。

　　本书在编写过程中，参考了大量的文献资料，吸收引用了该科目目前研究的最新成果，特别是援引借鉴改编了大量案例，为了行文方便，对于所引成果及材料未能在书中一一注明，谨在此向原作者表示诚挚的敬意和谢意。

　　由于编者的水平有限，疏漏之处在所难免，恳请广大同仁及读者不吝赐教。

编者
2015.10

中国建材工业出版社
China Building Materials Press

我们提供

图书出版、图书广告宣传、企业/个人定向出版、设计业务、企业内刊等外包、代选代购图书、团体用书、会议、培训，其他深度合作等优质高效服务。

编辑部	宣传推广	出版咨询	图书销售	设计业务
010-88364778	010-68361706	010-68343948	010-88386906	010-68361706

邮箱：jccbs-zbs@163.com　　网址：www.jccbs.com.cn

发展出版传媒　　服务经济建设

传播科技进步　　满足社会需求

目 录

第一部分　建筑施工图识读

第二部分 结构施工图识读

第三部分　建筑工程图实例

第一部分　建筑施工图识读

第一章

建筑总平面图识读

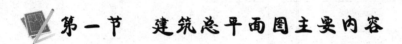

第一节　建筑总平面图主要内容

一、图纸目录及门窗表

图纸目录是了解建筑设计的整体情况的文件,从目录中我们可以明确图纸数量、出图大小、工程号,还有建筑单位及整个建筑物的主要功能。

总图纸目录的内容包括:总设计说明、建筑施工图、结构施工图、给水排水施工图、暖通空调施工图、电气施工图等各个专业的每张施工图纸的名称和顺序,见表1-1。

建筑施工图排在各专业的最前端,它包含:图纸目录,门窗表,建筑设计总说明,总平面图,一层至屋顶平面图,正立面图,背立面图,东立面图,西立面图,剖面图,节点大样图,门窗大样图,楼梯大样图。图纸目录位于建筑施工图的首要位置,它将施工图纸的建筑部分按顺序排列,列成表格。

图纸目录一般分专业编写,如建施-××、结施-××、暖施-××、电施-××等。

结构施工图排在建筑施工图之后,因为只有看过建筑施工图,脑海中形成建筑物的立体空间模型后,看结构施工图的时候,才能更好地理解其结构体系。它包含:结构设计总说明,基础平面图和基础详图,结构平面图,梁、柱配筋图,楼梯配筋图。

设备施工图(包含给水排水施工图、暖通空调施工图、电气施工图),它们基本上都是按设计说明、施工说明、图例和设备表、设备平面图、系统图和详图的顺序编排的。

要用标准的 A4 图纸,页边距要相同。建设单位、工程名称一定要与图纸对应,且字形、字体大小也要相同。目录中的图名要与图纸中的完全一致,一个字都不能偏差。此外,还要注意排版和序号。

图纸目录是了解整个建筑设计的整体情况的目录,从中可以明确图纸数量及出图大小和工程号,还有建筑单位及整个建筑物的主要功能。如果图纸目录与实际图纸有出入,必须与建筑设计部门核对情况。

门窗表包括门窗编号、门窗尺寸及其做法,这在计算结构荷载时是必不可少的内容,如图1-1所示。

表 1-1　某工程的图纸目录

图别	图号	图名	图别	图号	图名	图别	图号	图名
建施	1	目录　建筑设计说明	结施	1	结构设计总说明	水施	1	材料统计表 图例表说明
建施	2	总平面图	结施	2	基础平面布置图 基础详图			平面详图　给水系统图
建施	3	节能设计　门窗表	结施	3	3.270m层结构平面布置图	水施	2	一层给水排水平面图
建施	4	一层平面图	结施	4	6.570～13.170m层结构平面布置图	水施	3	二～四层给水排水平面图
建施	5	二层平面图				水施	4	五层给水排水平面图
建施	6	三～五层平面图	结施	5	16.470m层结构平面布置图	水施	5	排水系统图　消火栓系统图
建施	7	屋顶平面图	结施	6	楼梯配筋图			
建施	8	背立面图	电施	1	设计说明　主材料强电弱电系统图	暖施	1	一层采暖平面图
建施	9	北立面图				暖施	2	二～四层采暖平面图
建施	10	东立面图　卫生间详图	电施	2	一层照明平面图	暖施	3	五层采暖平面图
			电施	3	二～五层照明平面图	暖施	4	采暖系统图(一)
建施	11	1—1剖面图　2—2剖面图	电施	4	屋顶防雷平面图	暖施	5	采暖系统图(二)
建施	12	楼梯详图	电施	5	一～五层电话平面图	暖施	6	设计说明　材料统计表图例表

门窗表

类型		设计编号	洞口尺寸(mm)	数量				图集选用		备注
				一层	二层	三层	合计	图集名称	页次编号	
门	塑钢门	M—1	5400×2600	1			1	见本图		全玻门
		M—2	1500×2600	1			1	见本图		全玻门
	木门	M—3	1000×2100	8	16	16	40	05J4—1	89页1PM—0821	夹板门
		M—4	800×2100	2	2	2	6	05J4—1	89页1PM—1021	夹板门
窗	塑钢窗	C—1	5400×1700	3			3	见本图		推拉窗
		C—2	1800×1700	10	18	18	46	见本图		推拉窗
		C—3	1500×1700	1	2	2	5	见本图		推拉窗
		C—4	1800×600	6			6	见本图		推拉窗
		C—5	900×600	1	1	1	3	见本图		固定窗

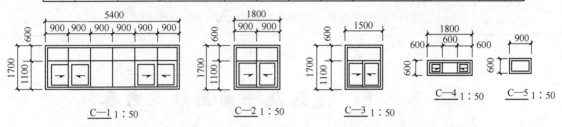

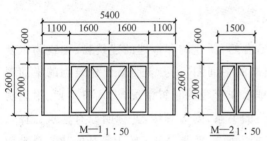

附注:
1.除特殊注明外,本图所示门窗尺寸均为洞口尺寸,制作门窗时需考虑安装尺寸。
2.内门窗选用普通浮法玻璃,外门窗选用浮法玻璃(5+9+5)。
内门窗: 玻璃面积<0.5m²时,选用6mm厚普通平板玻璃;
玻璃面积≥0.5m²时,选用5mm厚钢化玻璃;其余为普通浮法玻璃。
外门窗: 玻璃面积<0.5m²时,选用6mm厚普通平板玻璃;
玻璃面积≥0.5m²时,选用5mm厚钢化玻璃;其余为普通浮法玻璃。
3.所有开启外窗均带纱扇。
4.待核对门窗洞口实际尺寸无误后方可制作安装。

图1-1　门窗表

二、建筑设计总说明

建筑设计总说明通常放在图样目录后面或建筑总平面图后面,它的内容根据建筑物的复杂程度有多有少,但一般应包括设计依据、工程概况、工程做法等内容,见表1-2。

这些内容对结构设计是非常重要的,因为建筑设计总说明中会提到很多做法及许多结构设计中要使用的数据,如建筑物所处位置(结构中用以确定抗震设防烈度及风载、雪载)、黄海标高(用以计算基础大小及埋深桩顶标高等,没有黄海标高,根本无法施工)及墙体做法、地面做法、楼面做法等(用以确定各部分荷载)。总之,看建筑设计总说明时不能草率,这是检验结构设计正确与否的重要标准。

表1-2　建筑设计总说明的内容

项目	内　容
设计依据	施工图设计过程中采用的相关依据。主要包括建设单位提供的设计任务书,政府部门的有关批文、法律、法规,国家颁布的一些相关规范、标准等

项目	内 容
工程概况	工程的一些基本情况。一般应包括工程名称、工程地点、建筑规模、建筑层数、设计标高等一些基本内容
工程做法	介绍建筑物各部位的具体做法和施工要求。一般包括屋面、楼面、地面、墙体、楼梯、门窗、装修工程、踢脚、散水等部位的构造做法及材料要求,若选自标准图集,则应注写图集代号。除了文字说明的形式,对某些说明也可采用表格的形式。通常工程做法当中还包括建筑节能、建筑防火等方面的具体要求

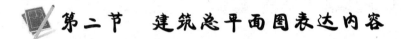

第二节　建筑总平面图表达内容

一、概述

建筑总平面图是在建筑基底的地形图上,把已有的、新建的和拟建的建筑物、构筑物以及道路、绿化用地等按与地形图同样的比例绘制出来的平面图,主要表明新建建筑物的平面形状、层数、室内外地面标高,新建道路、绿化、场地排水和管线的布置情况,出入口示意、附属房屋和地下工程位置及功能,与道路红线及城市道路的关系,耐火等级,并标明原有建筑、道路、绿化用地等和新建建筑物的相互关系以及环境保护方面的要求。对于较为复杂的建筑总平面图,还可分项绘出竖向布置图、管线综合布置图、绿化布置图等。

总平面图是整个建设区域由上向下按正投影的原理投影到水平投影面上得到的正投影图。总平面图用来表示一个工程所在位置的总体布置情况,是建筑物施工定位、土方施工以及绘制其他专业管线总平面图的依据。总平面图一般包括的区域较大,因此应采用1:300、1:500、1:1000、1:2000等较小的比例绘制。在实际工程中,总平面图经常采用1:500的比例。由于比例较小,故总平面图中的房屋、道路、绿化等内容无法按投影关系真实地反映出来,因此这些内容都用图例来表示。在实际中如果需要用自定图例,则应在图样上画出图例并注明其名称。

主建筑用粗实线,次建筑用细实线,道路中心线用细点画线,用地范围线用粗点画线,道路、景观用中实线,标注、标高用中实线,建筑名、主次入口用粗实线,选用线型时宜符合表1-3的规定。建筑距离道路中心线一般要大于5m,具体要看规范要求。涉及景观设计的,一般建筑施工图设计人员会在图中说明"注:室外场地由甲方另行委托设计"。方案和施工图的图别要分清楚。拟建建筑和用地范围线的四角要标明坐标,待建建筑和已有建筑不用标。打印时一定要注意打印的比例是否和设置的比例一致。有些规划局要求拟建建筑上标明轴号,一般情况不需要。拟建建筑要用粗细双实线标明,其他建筑均用细单实线。总图一般的图号为

"02",总图图名应该是具体的项目名称。

表 1-3　图线

名　称		线　型	线　宽	用　途
实线	粗	————	b	(1)新建建筑物±0.000 高度的可见轮廓线； (2)新建铁路、管线
	中	————	0.7b 0.5b	(1)新建构筑物、道路、桥涵、边坡、围墙、运输设施的可见轮廓线； (2)原有标准轨距铁路
	细	————	0.25b	(1)新建建筑物、构筑物±0.000 高度以上的可见轮廓线； (2)原有建筑物、构筑物、窄轨、铁路、道路、桥涵、围墙的可见轮廓线； (3)新建人行道、排水沟、坐标线、尺寸线、等高线
虚线	粗	— — — —	b	新建建筑物、构筑物的地下轮廓线
	中	— — — —	0.5b	计划预留扩建的建筑物、构筑物、铁路、道路、运输设施、管线、建筑红线及预留用地各线
	细	— — — —	0.25b	原有建筑物、构筑物、管线的地下轮廓线
单点长画线	粗	—·—·—	b	露天矿开采界线
	中	—·—·—	0.5b	土方填挖区的零点线
	细	—·—·—	0.25b	分水线、中心线、对称线、定位轴线
双点长画线	粗	—··—··—	b	用地红线
	中	—··—··—	0.7b	地下开采区塌落界线
	细	—··—··—	0.5b	建筑红线
折断线		～	0.5b	断线
不规则曲线		～	0.5b	新建人工水体轮廓线

注:根据各类图纸所表示的不同重点,确定使用不同的粗、细线型。

总图中的坐标、标高、距离宜以 m 为单位,并应至少取至小数点后两位,不足时以"0"补齐。详图宜以 mm 为单位,如不以 mm 为单位,应另加说明。建筑物、构筑物、铁路、道路方位角(或方向角)和铁路、道路转向角的度数,宜注写到"秒",特殊情况,应另加说明。铁路纵坡度宜以千分计,道路纵坡度、场地平整坡度、排水沟沟底纵坡度宜以百分计,并应取至小数点后一位,不足时以"0"补齐。

建筑总平面图是新建房屋以及设备定位、施工放线的重要依据,也是水、暖、电、天然气等室外管线施工的依据。它表明了新建房屋的位置、朝向、与原有建筑物的关系,以及周围道路、绿化和给水、排水、供电条件等方面的情况,是新建房屋施工定位、土方施工、设备管网平面布置,安排施工时进入现场的材料和构件、配件堆放场地、构件预制的场地以及运输道路的依据。

二、内容

总平面图表明新建工程在基底范围内的总体布置。它主要表示原有和新建房屋的位置、标高、道路布置、构筑物、地形、地貌等,是新建房屋定位、施工放线、土方施工以及水、电、暖、煤气等管线施工总平面布置的依据。

(1)在总平面图中,表示由城市规划部门批准的土地使用范围的图线称为规划红线。一般采用红色的粗点画线表示,任何建筑物在设计施工时都不能超过此线。

(2)我国把青岛附近的平均海平面定为绝对标高的零点,各地以此为基准所得到的标高称为绝对标高。在建筑物设计与施工时通常以建筑物的首层室内地面的标高为零点,所得到的标高称为相对标高。在总平面图中通常都采用绝对标高。在总平面图中,一般需要标出室内地面,即相对标高的零点相当于绝对标高的数值,且建筑物室内外的标高符号不同。

(3)新建建筑物用粗实线表示,原有建筑物用细实线表示,计划扩建的预留地或建筑物用中粗虚线表示,拆除的建筑物用细实线表示并在细实线上画叉。在新建建筑物的右上角用点数或数字表示层数。

(4)在总平面图中要表示清楚新建建筑物的定位。新建建筑物的定位一般采用两种方法:一是按原有建筑物或原有道路定位;二是按坐标定位。

(5)总平面图中的坐标分为测量坐标和施工坐标。

1)测量坐标:测量坐标是国家相关部门经过实际测量得到的画在地形图上的坐标网,南北方向的轴线为 X,东西方向的轴线为 Y。

2)施工坐标:施工坐标是为了便于定位,将建筑区域的某一点作为原点,沿建筑物的横墙方向为 A 向,纵墙方向为 B 向的坐标网。

(6)整个建设区域所在位置、周围的道路情况、区域内部的道路情况。由于比例较小,总平面图中的道路只能表示出平面位置和宽度,不能作为道路施工的依据。整个建设区域及周围的地形情况、地面起伏变化通常用等高线表示,等高线是每隔一定高度的水平面与地形面交线的水平投影并且在等高线上注写出其所在的高度值。等高线的间距越大,说明地面越平缓,等高线的间距越小,说明地面越陡峭。等高线上的数值由外向内越来越大表示地形凸起,等高线上的数值由外向内越来越小表示地形凹陷。整个建设区域及周围的地物情况,如水木、草地、电线杆、设备管井等。总平面图中通常还有指北针和风向频率玫瑰图,如图 1-2 所示。

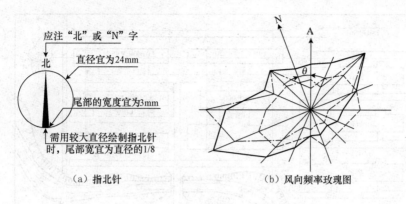

（a）指北针   （b）风向频率玫瑰图

图 1-2   指北针和风玫瑰图

三、识图技巧

(1)拿到一张总平面图,先要看它的图纸名称、比例及文字说明,对图纸的大概情况有一个初步了解。

(2)在阅读总平面图之前要先熟悉相应图例,熟悉图例是阅读总平面图应具备的基本知识。

(3)找出规划红线,确定总平面图所表示的整个区域中土地的使用范围。

(4)查看总平面图的指北针和风向频率玫瑰图,它标明了建筑物的朝向及该地区的全年风向、频率和风速。

(5)了解新建房屋的平面位置、标高、层数及其外围尺寸等。

(6)了解新建建筑物的位置及平面轮廓形状与层数、道路、绿化、地形等情况。

(7)了解新建建筑物的室内外高差、道路标高、坡度及地面排水情况;了解绿化、美化的要求和布置情况以及周围的环境。

(8)看建筑物的道路交通与管线走向的关系,确定管线引入建筑物的具体位置。

(9)了解建筑物周围环境及地形、地物情况,以确定新建建筑物所在的地形情况及周围地物情况。

(10)了解总平面图中的道路、绿化情况,以确定新建建筑物建成后的人流方向和交通情况及环境绿化情况。

(11)若在总平面图上还画有给水排水、采暖、电气施工图,需要仔细阅读,以便更好地理解图纸要求。

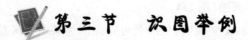

第三节   识图举例

实例 1:某单位宿舍区总平面图(图 1-3)

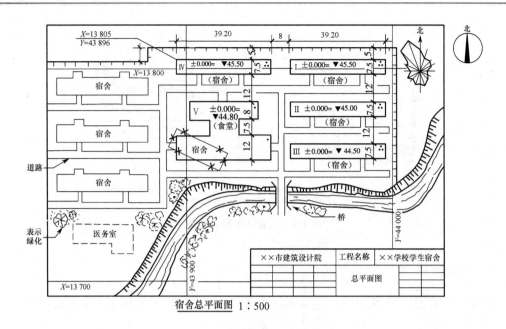

图 1-3　某单位宿舍区总平面图

（1）看图纸名称、比例和文字说明：从图名可知该图为某单位宿舍区总平面图，比例为1：500。

（2）看指北针或风向玫瑰图：通过指北针的方向可知，所有已建和新建的宿舍楼及食堂的朝向一致（准备拆除的宿舍楼除外），均为坐北朝南。通过风向玫瑰图可知，该地区全年风以西北风为主导风向。

（3）熟悉相应图例：图中Ⅰ、Ⅱ、Ⅲ、Ⅳ号宿舍楼及食堂都是新建建筑，轮廓线用粗实线表示。图中左侧位置处为已建宿舍楼，轮廓线为细实线。图中中间位置处的宿舍楼为要拆除的房屋，轮廓线用细线并且在四周画了"×"（其他河流、绿化、道路等图例可以对照制图标准理解，这里不再一一赘述）。

（4）从图中四栋宿舍楼的右上角点数可知，Ⅰ、Ⅱ、Ⅲ、Ⅳ号新建宿舍楼都是3层。

（5）从图中可以看出Ⅰ、Ⅳ号新建宿舍楼的标高为45.500m，Ⅱ号新建宿舍楼的标高为45.000m，Ⅲ号新建宿舍楼的标高为44.500m。食堂的标高为44.800m。

（6）图中在Ⅳ号新建宿舍楼的西北角给出两个坐标用于其他建筑的定位。

（7）从尺寸标注可知Ⅰ、Ⅱ、Ⅲ、Ⅳ号新建宿舍楼的长度为39.2m，宽度为7.5m，东西间距为8m，南北间距为12m。

实例2：某新开区总平面图（图1-4）

（1）看图纸名称、比例和文字说明：从图名可知该图为某新开区总平面图，比例为1：500。

（2）看指北针或风向玫瑰图：通过指北针的方向可知，三栋办公楼、科研楼及餐饮楼的朝向一致，均为坐北朝南。通过风向玫瑰图可知，该地区全年风以西北风和东南风为主导风向。

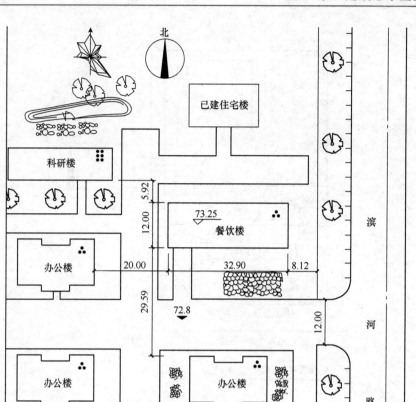

新开区总平面图　1：500

图1-4　某新开区总平面图

(3)熟悉相应图例:图中三栋办公楼、科研楼及餐饮楼都是新建建筑,轮廓线用粗实线表示。图中上方中间位置处为已建住宅楼,轮廓线为细实线(其他图例可以对照制图标准理解,这里不再一一赘述)。

(4)从图中三栋办公楼的右上角点数可知,三栋办公楼都是3层;由科研楼的右上角点数可知,该科研楼为6层;由餐饮楼的右上角点数可知,该餐饮楼为3层。

(5)从图中可以看出室外标高为72.800m,室内地面标高为73.250m。底层地面与室外地面高差为0.45m。图中给出室内室外的标高,所标注的数值均为绝对标高。

(6)从尺寸标注可知餐饮楼的长度为32.9m,宽度为12.0m。

实例3:某疗养院总平面图(图1-5)

(1)看图纸名称、比例和文字说明:该总平面图为某疗养院总平面图,比例为1：500,从图中下方的文字标注可知规划红线的位置,建筑物西北方和正东方有绿地。

(2)看指北针或风向玫瑰图:通过指北针的方向可知,疗养院坐北朝南。通过风向玫瑰图可知,该地区全年风以西北风和东南风为主导风向。

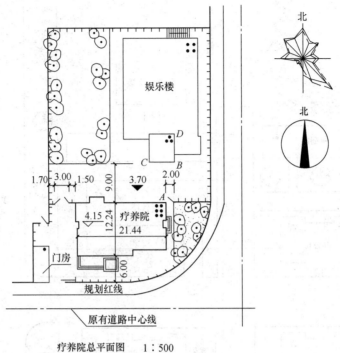

疗养院总平面图　　1：500

图 1-5　某疗养院总平面图

(3)熟悉相应图例:图中疗养院为新建建筑,轮廓线用粗实线表示;娱乐楼为原有建筑,轮廓线用细实线表示(其他图例可以对照制图标准理解,这里不再一一赘述)。

(4)从图中疗养院的右上角点数可知,疗养院为 6 层;原有娱乐楼主体部分为 4 层,组合体部分为 3 层。

(5)从图中可以看出整个区域比较宽敞,室外标高为 3.700m,疗养院室内地面标高为 4.150m。

(6)从尺寸标注可知疗养院的长度为 21.44m。

(7)疗养院的东墙面设在平行于原有娱乐楼的东墙面,并在原有娱乐楼的 BD 墙面之西 2.00m 处。北墙面位于原有娱乐楼的 BC 墙面之南 9.00m 处,基地的四周均设有围墙。

(8)图中围墙外带有圆角的细实线,表示道路的边线,细点画线表示道路的中心线。

(9)新建的道路或硬地注有主要的宽度尺寸,道路、硬地、围墙与建筑物之间为绿化地带。

实例 4:某大学公寓区总平面图(图 1-6)

(1)看图纸名称、比例和文字说明:该总平面图为某大学公寓区总平面图,比例为 1：500,从图中下方的文字标注可知,围墙的外面为用地红线,建筑物周围有绿地和道路。

(2)看指北针或风向玫瑰图:通过指北针的方向可知,三栋公寓楼的朝向一致,均为坐北朝南。通过风向玫瑰图可知,该地区全年风以西北风和东南风为主导风向。

(3)熟悉相应图例:图中三栋公寓楼都是新建建筑,轮廓线用粗实线表示(其他图例可以对

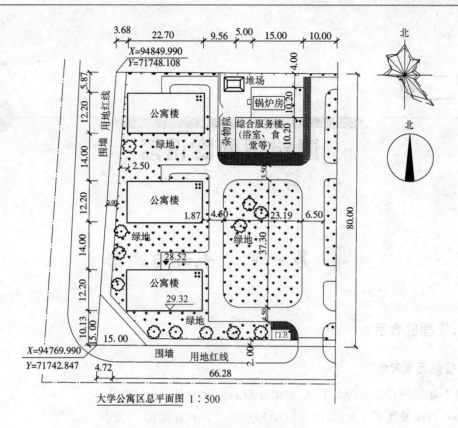

大学公寓区总平面图　1∶500

图 1-6　某大学公寓区总平面图

照制图标准理解,这里不再一一赘述)。

(4)从图中公寓楼的右上角点数可知,三栋公寓楼都是 4 层。

(5)从图中可以看出整个区域比较平坦,室外标高为 28.520m,室内地面标高为 29.320m。

(6)图中分别在西南和西北的围墙处给出两个坐标用于三栋楼定位,各楼具体的定位尺寸在图中都已标出。

(7)从尺寸标注可知三栋楼的长度为 22.7m,宽度为 12.2m。

第二章

建筑平面图识读

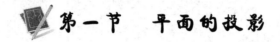

第一节 平面的投影

一、平面的表示

1. 投影元素表示

(1)不在同一直线上的 3 个点,如图 2-1(a)所示中点 a、b、c 的投影。

(2)一直线及线外一点,如图 2-1(b)所示中点 a 和直线 bc 的投影。

(3)相交二直线,如图 2-1(c)所示中直线 ab 和 ac 的投影。

(4)平行二直线,如图 2-1(d)所示中直线 ab 和 cd 的投影。

(5)平面图形,如图 2-1(e)所示中 $\triangle abc$ 的投影。

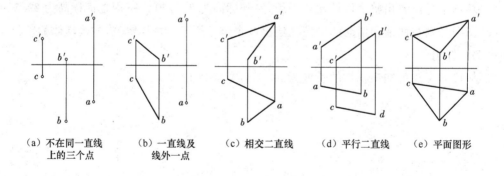

(a) 不在同一直线 (b) 一直线及 (c) 相交二直线 (d) 平行二直线 (e) 平面图形
上的三个点   线外一点

图 2-1　用几何元素表示平面

所谓确定位置,就是说通过上列每一组元素只能做出唯一的一个平面。为了明显起见,通常用一个平面图形(例如平行四边形或三角形)表示一个平面。如果说平面图形 ABC,是指在三角形 ABC 范围内的那一部分平面;如果说平面 ABC,则应该理解为通过三角形 ABC 的一个广阔无边的平面。

2. 迹线表示

平面还可以由它与投影面的交线来确定其空间位置。平面与投影面的交线称为迹线。平面与 V 面的交线称为正面迹线，以 P_V 标记；与 H 面交线称为水平迹线，以 P_H 标记，如图 2-2（a）所示。用迹线来确定其位置的平面称为迹线平面。实质上，一般位置的迹线平面就是该平面上相交二直线 P_V 和 P_H 所确定的平面。图 2-2（b）中，在投影图上，正面迹线 P_V 的 V 投影与 P_V 本身重合，P_V 的 H 投影与 OX 重合，不加标记，水平迹线 P_H 的 V 投影与 OX 重合，P_H 的 H 投影与 P_H 本身重合。

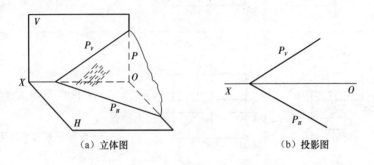

（a）立体图　　　　　　　　（b）投影图

图 2-2　用迹线表示平面

二、平面对投影面的相对位置

1. 投影面平行面

平行于某一投影面的平面称为投影面平行面。投影面平行面分为 3 种：水平面（平行于 H 面）、正平面（平行于 V 面）和侧平面（平行于 W 面）。

图 2-3（a）中，矩形 $ABCD$ 为一水平面。由于它平行于 H 面，所以其在 H 面投影 $abcd \cong ABCD$，即水平面的水平投影反映平面图形的实形。因为水平面在平行于 H 面的同时一定与 V 面和 W 面垂直，所以其 V 面和 W 面投影积聚成直线段且分别平行于 OX 轴和 OY_W 轴，如图 2-3（b）所示。

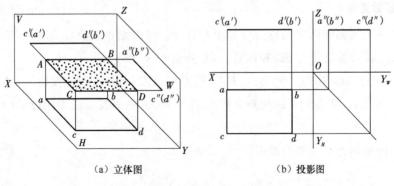

（a）立体图　　　　　　　　（b）投影图

图 2-3　水平面

正平面和侧平面也有类似的投影特性,见表 2-1。

表 2-1　投影面平行面

名称	立体图	投影图	投影特性
水平面(只平行于 H 面)			(1)H 投影反映实形; (2)V 投影积聚为平行于 OX 的直线段; (3)W 投影积聚为平行于 OY_W 的直线段
正平面(只平行于 V 面)			(1)V 投影反映实形; (2)H 投影积聚为平行于 OX 的直线段; (3)W 投影积聚为平行于 OZ 的直线段
侧平面(只平行于 W 面)			(1)W 投影反映实形; (2)H 投影积聚为平行于 OY_H 的直线段; (3)V 投影积聚为平行于 OZ 的直线段

投影面平行面的投影特性如下:

(1)在其所平行的投影面上的投影,反映平面图形的实形。

(2)在另外两个投影面上的投影均积聚成直线且平行于相应的投影轴。

2. 投影面垂直面

只垂直于一个投影面的平面称为投影面垂直面。投影面垂直面分为 3 种:铅垂面(只垂直于 H 面)、正垂面(只垂直于 V 面)和侧垂面(只垂直于 W 面)。

图 2-4 中,矩形 $ABCD$ 为一铅垂面,其 H 投影积聚成一直线段,该投影与 OX 轴和 OY_H 轴的夹角为该平面与 V、W 面的实际倾角 β 和 γ,其 V 面和 W 面投影仍为四边形(类似形),但都比实形小。

正垂面和侧垂面也有类似的投影特性,见表 2-2。

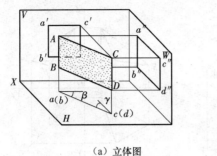

（a）立体图

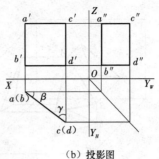

（b）投影图

图 2-4 铅垂面

表 2-2 投影面垂直面

名称	立体图	投影图	投影特性
水平面（垂直于 H 面）			(1) H 投影积聚为一斜线且反映 β 和 γ 角； (2) V、W 投影为类似形
正平面（垂直于 V 面）			(1) V 投影积聚为一斜线且反映 α 和 γ 角； (2) H、W 投影为类似形
侧平面（垂直于 W 面）			(1) W 投影积聚为一斜线且反映 α 和 β 角； (2) H、V 投影为类似形

投影面垂直面的投影特性如下：

(1)在其所垂直的投影面上的投影积聚成一条直线。

(2)其积聚投影与投影轴的夹角，反映该平面与相应投影面的实际倾角。

(3)在另外两个投影面上的投影为小于原平面图形的类似形。

3. 投影面倾斜面

投影面倾斜面（又称一般位置平面）与 3 个投影面都倾斜，如图 2-5(a)所示。投影面倾斜面的三面投影都没有积聚性，也都不反映实形，均为比原平面图形小的类似形。

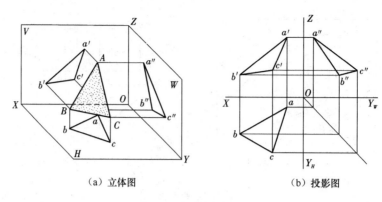

（a）立体图 　　　　　　　　　　　　　　　　　（b）投影图

图 2-5　投影面倾斜面

三、平面上的点和线

1. 平面上取点和直线

直线和点在平面上的几何条件有：如果一直线经过一平面上两已知点或经过面上一已知点且平行于平面内一已知直线，则该直线在该平面上。如果一点在平面内一直线上，则该点在该平面上。图 2-6 中，D 在△SBC 的边 SB 上，故 D 在△SBC 上；DC 经过△SBC 上两点 C、D，故 DC 在平面△SBC 上；点 E 在 DC 上，故点 E 在△SBC 上；直线 DF 过 D 且平行于 BC，故 DF 在△SBC 上。

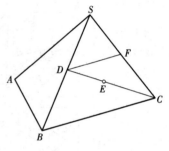

图 2-6　平面上的点和直线

2. 平面上的投影面平行线

图 2-7 中，△abc 的边 bc 的投影是水平线，边 ab 的投影是正平线，它们都称为平面△abc 上的投影面平行线。实际上，投影面倾斜面上有无数条正平线、水平线及侧平线，每一种投影面平行线都互相平行。如图 2-7 所示的 bc 和 ef 的投影，它们都是水平线且都在△abc 上，所以它们相互平行，$b'c' /\!/ e'f' /\!/ OX$（V 投影 $/\!/ OX$ 是水平线的投影特点），$bc /\!/ ef$。

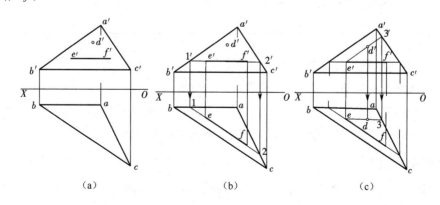

（a）　　　　　　　　　　　　（b）　　　　　　　　　　　　（c）

图 2-7　补全平面上点、线的投影

图 2-8 中,要在平面上作水平线或正平线,需先作水平线的 V 投影或正平线的 H 投影(均平行于 OX 轴),然后再作直线的其他投影。

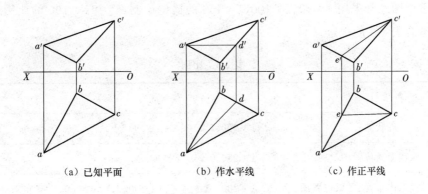

（a）已知平面　　　　　（b）作水平线　　　　　（c）作正平线

图 2-8　在平面内作水平线和正平线

第二节　建筑平面图表达内容

一、概述

　　建筑平面图是假想用一个水平剖切平面,在建筑物门窗洞口处将房屋剖切开,移去剖切平面以上的部分,将剩余部分用正投影法向水平投影面作正投影所得到的投影图。沿底层门窗洞口剖切得到的平面图称为底层平面图,又称为首层平面图或一层平面图。沿二层门窗洞口剖切得到的平面图称为二层平面图。若房屋的中间层相同则用同一个平面图表示,称为标准层平面图。沿最高一层门窗洞口将房屋切开得到的平面图称为顶层平面图。将房屋的屋顶直接作水平投影得到的平面图称为屋顶平面图。有的建筑物还有地下室平面图和设备层平面图等。

　　人的一般思维都是从简单到复杂的。外观造型也是,平面设计对于外观造型来说是一个从二维走向三维的过程。初始设计直接导致最后建筑的总体形象趋势。平面设计主要是按照功能区的排列构思出大体框架,然后再在平面的基础上纵向延伸,形成立体的实物。

　　平面设计是建筑设计的第一步,对建筑的整体效果起着至关重要的作用。形象地说,平面设计好比是造型骨架的横向组成部分。平面的设计和选型直接影响整个建筑的形象走向。在设计时不仅应适应各种不同功能需求,创造可灵活布局的内部大空间,还应考虑因高度不同而造成的种种结果。

　　以上是平面设计对造型整体设计产生的影响。那是在形象设计没有特别限制的前提下形成的一种制约关系。如果还有特殊要求,如要建筑赋予一些象征意义或是形成一些仿生类的形象,那么这种关系就可能有所改变,即造型设计将对平面设计进行一些限制,平面设计要在原有的设计过程中加入一些特殊的设计步骤。

建筑平面图经常采用1∶50、1∶100、1∶150的比例绘制,其中1∶100的比例最为常用,绘制时宜符合表2-3的规定。

表2-3　比例

项目	内容
现状图	1∶500、1∶1000、1∶2000
地理交通位置图	1∶25000～1∶200000
总体规划、总体布置、区域位置图	1∶2000、1∶5000、1∶10000、1∶25000、1∶50000
总平面图,竖向布置图,管线综合图,土方图,铁路、道路平面图	1∶300、1∶500、1∶1000、1∶2000
场地园林景观总平面图、场地园林景观竖向布置图、种植总平面图	1∶300、1∶500、1∶1000
铁路、道路纵断面图	垂直:1∶100、1∶200、1∶500 水平:1∶1000、1∶2000、1∶5000
铁路、道路纵断面图	1∶20、1∶50、1∶100、1∶200
场地断面图	1∶100、1∶200、1∶500、1∶1000
详图	1∶1、1∶2、1∶5、1∶10、1∶20、1∶50、1∶100、1∶200

平面图的方向宜与总图方向一致,平面图的长边宜与横式幅面图纸的长边一致。在同一张图纸上绘制多于一层的平面图时,各层平面图宜按层数由低向高的顺序从左至右或从下至上依次布置。除顶棚平面图外,各种平面图应按正投影法绘制,屋顶平面图是在水平面上的投影,不需剖切,其他各种平面图则是水平剖切后,按俯视方向投影所得的水平剖面图。建筑物平面图应在建筑物的门窗洞口处水平剖切俯视(屋顶平面图应在屋面以上俯视),图内应包括剖切面及投影方向可见的建筑构造以及必要的尺寸、标高等,如需表示高窗、洞口、通气孔、槽、地沟及起重机等不可见部分,则应以虚线绘制。建筑物平面图应注写房间的名称和编号,编号注写在直径为6mm细实线绘制的圆圈内,并在同张图纸上列出房间的名称表。平面较大的建筑物,可分区绘制平面图,但每张平面图均应绘制组合示意图。各区应分别用大写拉丁字母编号。在组合示意图中要提示的分区,应采用阴影线或填充的方式来表示。顶棚平面图宜用镜像投影法绘制。为表示室内立面在平面图上的位置,应在平面图上用内视符号注明视点的

位置、方向及立面编号。符号中的圆圈应用细实线绘制,根据图面比例圆圈的直径可选择8～12mm。立面编号宜用大写拉丁字母或阿拉伯数字。

建筑平面图主要反映房屋的平面形状、大小和房间的相互关系、内部布置,墙的位置、厚度和材料,门窗的位置以及其他建筑构配件的位置和各种尺寸等。建筑平面图是施工放线、砌墙、安装门窗、室内装修和编制预算的重要依据。

建筑平面图是其他建筑施工图的基础,它采用了标准图例的统一性和规范性,与其他详图、图集呈逐级的关联性。只有先将建筑平面图看明白,心中对建筑的布局、结构都有了一个基本的了解之后,看其他图纸时才能做到心中有数,并和立面、剖面结合,做到真正看懂图纸。

建筑物的各层平面图中除顶层平面图之外,其他各层建筑平面图中的主要内容及阅读方法基本相同。

二、内容

建筑平面图是将房屋从门窗洞口处水平剖切后,俯视剖切平面以下部分,在水平投影面所得到的图形,比较直观,主要信息就是柱网布置、每层房间功能墙体布置、门窗布置、楼梯位置等。一层平面图在进行上部结构建模中是不需要的(有架空层及地下室等除外),一层平面图在做基础时使用,至于如何真正地做结构设计本书不详述,这里只讲如何看建筑施工图。作为结构设计师,在看平面图的同时,需要考虑建筑的柱网布置是否合理,不当之处应讲出理由并说服建筑设计人员进行修改。看建筑平面图,了解了各部分建筑功能,对结构上活荷载的取值心中就有大致的值了,了解了柱网及墙体门窗的布置,柱截面大小、梁高以及梁的布置也差不多有数了。墙的下面一定有梁,除非是甲方自理的隔断,轻质墙也最好是立在梁上。值得一提的是,注意看屋面平面图,通常现代建筑为了外立面的效果,都有层面构架,比较复杂,需要仔细地理解建筑的构思,必要的时候还要咨询建筑设计人员或索要效果图,力求使自己明白整个构架的三维形成是什么样子的,这样才不会出错。另外,层面是结构找坡还是建筑找坡也需要了解清楚。

1. 建筑物的体量尺寸

相邻定位轴线之间的距离,横向的称为开间,纵向的称为进深。从平面图中的定位轴线可以看出墙(或柱)的布置情况。从总轴线尺寸的标注,可以看出建筑的总宽度、长度等情况。从各部分尺寸的标注,可以看出各房间的开间、进深、门窗位置等情况。此外,从某些局部尺寸还可以看出如墙厚、台阶、散水的尺寸,以及室内外等处的标高。

2. 建筑物的平面定位轴线及尺寸

从定位轴线的编号及间距,可以了解各承重构件的位置及房间大小,以便施工时放线定位。

3. 各层楼地面标高

建筑工程上常将室外地坪以上的第一层(即底层)室内平面处标高定为零标高,即±0.000

标高处。以零标高为界,地下层平面标高为负值,标准层以上标高为正值。

4. 门窗位置及编号

在建筑平面图中,绝大部分的房间都有门窗,应根据平面图中标注的尺寸确定门窗的水平位置;然后结合立面图确定窗台和窗户的高度。有些位置的高窗,还注明有窗台离地的高度。这些尺寸,都是确定门窗位置的主要依据。门窗按国家标准规定的图例绘制,在图例旁边注写门窗代号,M 表示门,C 表示窗,通常按顺序用不同的编号编写为 M-1、M-2、C-1、C-2 等。有些特殊的门窗有特殊的编号。门窗的类型、制作材料等应以列表的方式表达。

5. 剖面位置、细部构造及详图索引

平面图是用一个假想的水平面把一栋房屋横向切开形成的。这个切开面的位置很重要,切得高和切得低形成的平面图会有很大差别。建筑工程上将其定在房屋的窗台以上部分但又不能超过窗顶的位置,这样平面图上就能将门窗的位置很清楚地显现出来。由于平面图的比例较小,某些复杂部位的细部构造就不能很明确地表示出来。因此,常通过详图索引的方式,将复杂部位的细部构造另外画出,放大比例,以更好地表达设计的思想。看图的时候,可以通过详图索引指向的位置找到相应的详图,再对照平面图,去理解建筑的真正构造。有时在图纸空间足够时,该平面图旁会出现一些细部节点详图。

6. 屋面排水及布置要点

建筑的屋面分为平屋面和坡屋面,它们的排水方法有很大不同。坡屋面因为坡度较大,一般采用无组织排水即自由落水(即不用再进行任何处理,水会顺着坡度自高向低流下)。有些坡屋面建筑在下檐口会设有檐沟,使坡面上的水流进檐沟,并在其内填 0.5%～1% 的纵坡,使雨水集中到雨水口再通过落水管流到地面,或排到地下排水管网。这称为有组织排水。别墅的设计中常采用这种方法。读图的时候,应根据实际情况来看屋面的排水。平屋面的排水较为复杂,它常通过材料找坡的方式,即由轻质的垫坡材料形成。上人屋面平屋顶材料找坡的坡度小于或等于 2%～3%,不上人屋面一般做找坡层的厚度最薄处不小于 20mm。识读平屋面的排水图时,应注意排水坡度、排水分区、落水管的位置等要点。

7. 文字说明

在建筑平面图中,有些通过绘图方式不能表达清楚或过于繁琐的,设计者会通过文字的方式在图纸的下方加以说明。读图的时候,结合文字说明看建筑平面图才能更深入地了解建筑。

除了以上内容外,剖面图的符号、指北针仅在建筑平面图上标注,楼梯的位置及梯段的走向与级数等,也可用文字进行补充说明。

三、识图技巧

(1)拿到一套建筑平面图后,应从底层看起,先看图名、比例和指北针,了解此张平面图的绘图比例及房屋朝向。

（2）一般先从底层平面图看起，在底层平面图上看建筑门厅、室外台阶、花池和散水的情况。

（3）看房屋的外形和内部墙体的分隔情况，了解房屋平面形状和房间分布、用途、数量及相互间的联系。

（4）看图中定位轴线的编号及其间距尺寸，从中了解各承重墙或柱的位置及房间大小，先记住大致的内容，以便施工时定位放线和查阅图样。

（5）看平面图中的内部尺寸和外部尺寸，从各部分尺寸的标注，可以知道每个房间的开间、进深、门窗、空调孔、管道以及室内设备的大小、位置等，不清楚的要结合立面、剖面，一步步地看。

（6）看门窗的位置和编号，了解门窗的类型和数量，还有其他构配件和固定设施的图例。

（7）在底层平面图上，看剖面的剖切符号，了解剖切位置及其编号。

（8）看地面的标高、楼面的标高、索引符号等。

第三节　识图举例

实例 1：某住宅小区平面图（图 2-9～图 2-13）

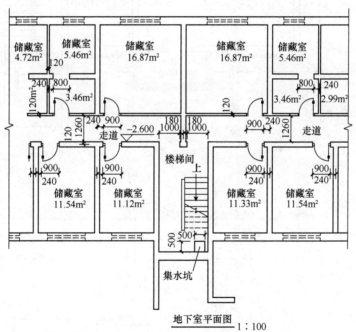

注：地下室所有外墙为370砖墙，内墙除注明外均为240砖墙。

图 2-9　某住宅小区地下室平面图

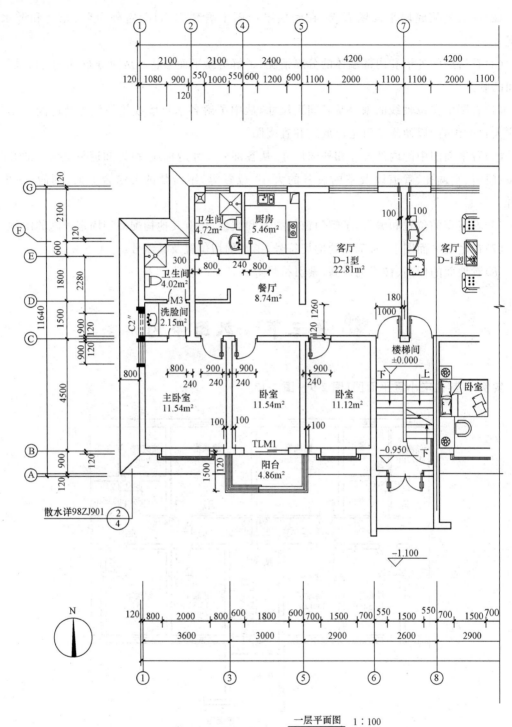

一层平面图　1:100

注：户型放大平面图详建施12

图 2-10　某住宅小区首层平面图

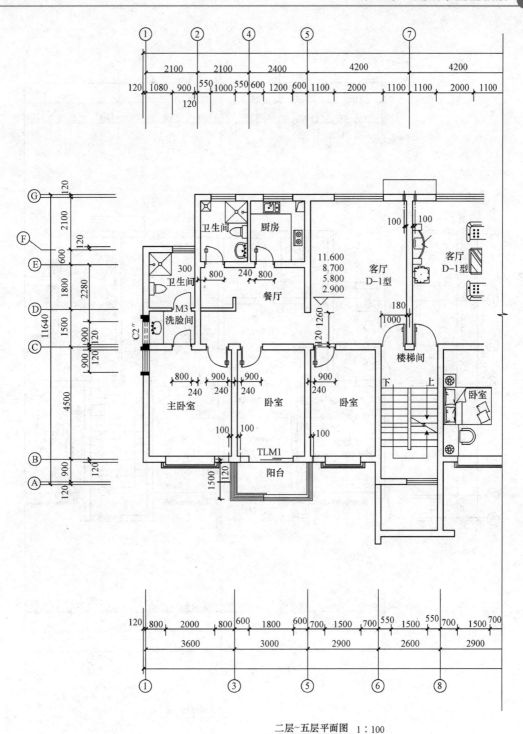

二层~五层平面图　1：100

图 2-11　某住宅小区标准层平面图

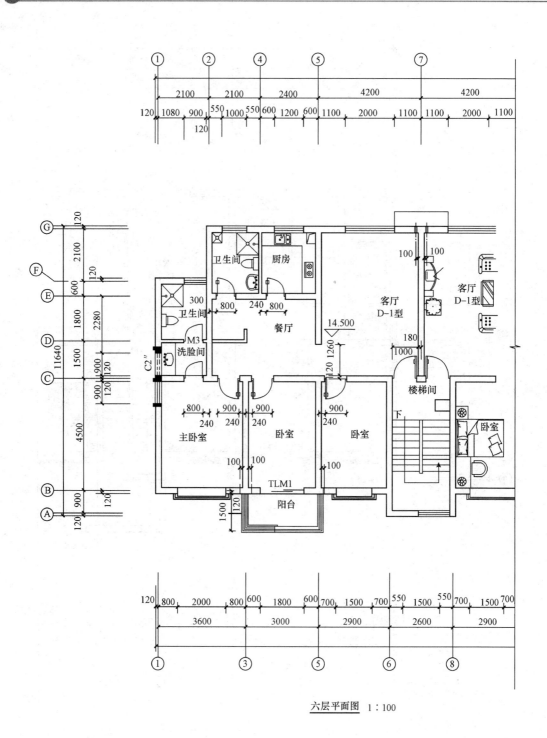

六层平面图 1:100

图 2-12 某住宅小区顶层平面图

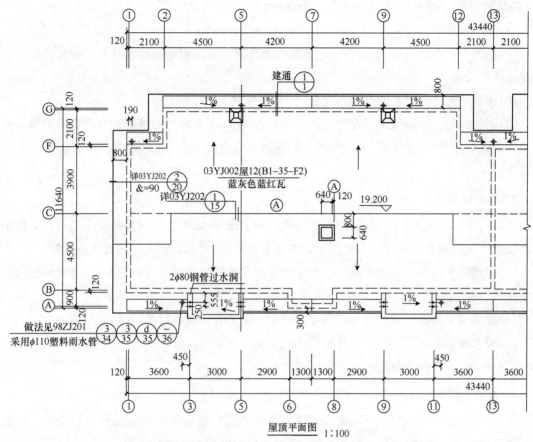

图 2-13 某住宅小区屋顶平面图

1. 地下室平面图

(1)看地下室平面图的图名、比例可知,该图为某住宅小区的地下室平面图,比例为
1∶100。

(2)从图中可知本楼地下室的室内标高为-2.600m。

(3)附注说明了地下室内外墙的建筑材料及厚度。

2. 首层平面图

(1)看平面图的图名、比例可知,该图为某住宅小区的一层平面图,比例为1∶100。从指
北针符号可以看出,该楼的朝向是入口朝南。

(2)图中标注在定位轴线上的第二道尺寸表示墙体间的距离即房间的开间和进深尺寸,图
中已标出每个房间的面积。

(3)从图中墙的位置及分隔情况和房间的名称,可以了解到楼内各房间的配置、用途、数量

以及相互间的联系情况,图中显示的完整户型中有 1 个客厅、1 个餐厅、1 个厨房、2 个卫生间、1 个洗脸间、1 个主卧室、2 个次卧室及一个南阳台。

(4)图中可知室内标高为 0.000m,室外标高为 -1.100m。

(5)在图中的内部还有一些尺寸,这些尺寸是房间内部门窗的大小尺寸和定位尺寸以及内部墙的厚度尺寸。

(6)图中还标注了散水的宽度与位置,散水均为 800mm。

(7)附注说明了户型放大平面图的图纸编号,另见局部大样图的原因是有些房间的布局较为复杂或者尺寸较小,在这样 1∶100 的比例下很难看清楚它的详细布置情况,所以需要单独画出来。

3. 标准层平面图

因为图中二层至五层的布局相同,所以仅绘制一张图,该图就叫做标准层平面图。本图中标准层的图示内容及识图方法与首层平面图基本相同,只对它们的不同之处进行讲解。

(1)标准层平面图中不必再画出一层平面图已显示过的指北针、剖切符号以及室外地面上的散水等。

(2)标准层平面图中⑥⑧轴线间的楼梯间的Ⓐ轴线处用墙体封堵,并装有窗户。

(3)看平面的标高,标准层平面标高为 2.900m、5.800m、8.700m、11.600m,分别代表二层、三层、四层、五层的相对标高。

4. 顶层平面图

因为图中所示的楼层为六层,所以顶层即为第六层。顶层平面图的图示内容和识图方法与标准平面图基本相同,这里就不再赘述,只对它们的不同之处进行讲解。

(1)顶层平面图中⑥⑧轴线间的楼梯间,梯段不再被水平剖切面剖切,也不再用倾斜 45°的折断线表示,因为它已经到了房屋的最顶层,不再需要上行的梯段,故栏杆直接连接在了⑧轴线的墙体上。

(2)看平面的标高,顶层平面标高为 14.500m。

5. 屋顶平面图

(1)看屋面平面图的图名、比例可知,该图比例为 1∶100。

(2)顶层平面标高为 19.200m。

实例 2:某办公楼平面图(图 2-14～图 2-17)

1. 首层平面图

(1)看平面图的图名、比例可知,该图为某政府办公楼的一层平面图,比例为 1∶100。从指北针符号可以看出,该楼的朝向是背面朝北,主入口朝南。

(2)已知本楼为框架结构,图中给出了平面柱网的布置情况,框架柱在平面图中用填黑的矩形块表示,图中主要定位轴线标注位置为各框架柱的中心位置,横向轴线为①～⑥,竖向轴

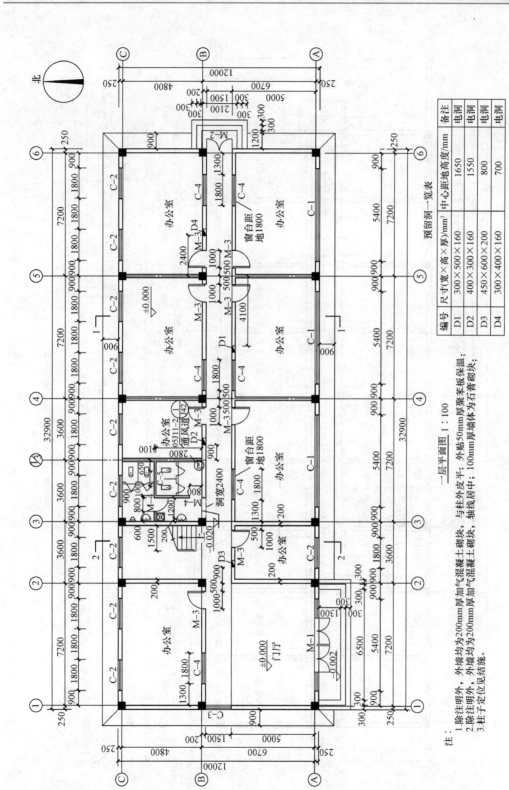

一层平面图 1：100

图2-14 某政府办公楼首层平面图

预留洞一览表

编号	尺寸(宽×高×厚)/mm³	中心距地高度/mm	备注
D1	300×500×160	1650	电洞
D2	400×300×160	1550	电洞
D3	450×600×200	800	电洞
D4	300×400×160	700	电洞

注：除注明外，外墙均为200mm厚加气混凝土砌块，与柱外皮平；外贴50mm厚聚苯板保温；
1.除注明外，外墙均为200mm厚加气混凝土砌块，外墙均为200mm厚加气混凝土砌块，内墙墙体为石膏砌块；100mm厚墙体为石膏砌块；
2.除注明外，外墙加气混凝土砌块，轴线居中；
3.柱子定位见结施。

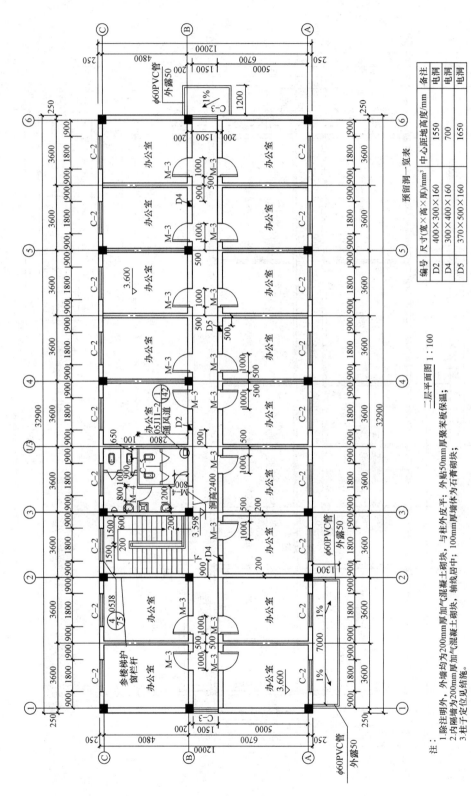

图2-15 某政府办公楼二层平面图

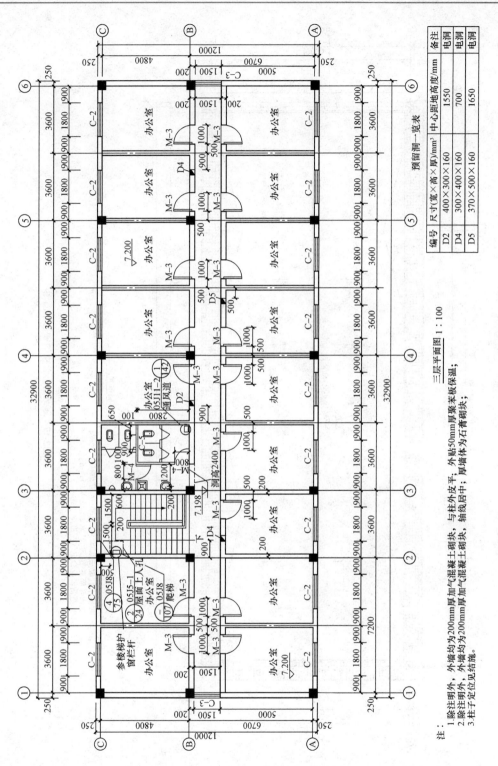

预留洞一览表

编号	尺寸(宽×高×厚)/mm³	中心距离地高度/mm	备注
D2	400×300×160	1550	电洞
D4	300×400×160	700	电洞
D5	370×500×160	1650	电洞

三层平面图 1：100

图2-16　某政府办公楼三层平面图

注：
1. 除注明外，外墙均为200mm厚加气混凝土砌块，外贴50mm厚聚苯板保温，与柱外皮平；
2. 除注明外，外墙均为200mm厚加气混凝土砌块，外墙均为200mm厚加气混凝土砌块，轴线居中；厚墙居中，轴线居中；
3. 柱子定位见结施。

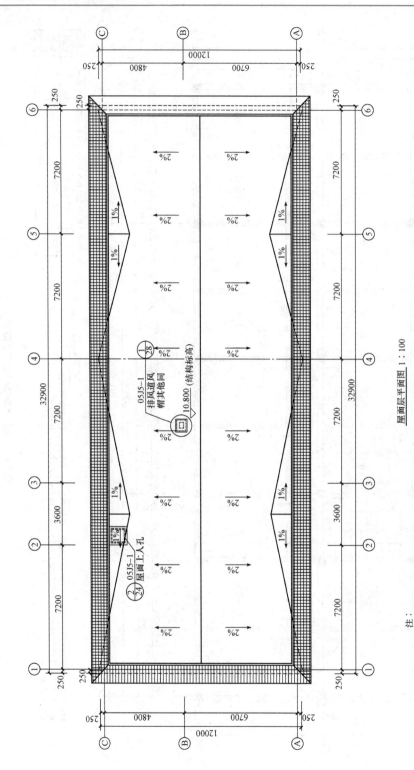

屋面层平面图 1:100

注:
1.雨水管做法见05J5-1页62-6、7、9相关大样;
2.出屋面各类管道泛水做法参见05J5-1页30相关大样;
3.避雷带配合电气图纸施工。

图2-17 某政府办公楼的屋面平面图

线为Ⓐ～Ⓒ，在横向③轴线右侧有一附加轴线⑭。图中标注在定位轴线上的第二道尺寸表示框架柱轴线间的距离即房间的开间和进深尺寸，可以确定各房间的平面大小。如图2-14中北侧正对门厅的办公室，其开间尺寸为7.2m，即①②轴之间的尺寸，进深尺寸为4.8m，即Ⓑ Ⓒ轴之间的尺寸。

（3）从图2-14中墙的位置及分隔情况和房间的名称，可以了解到楼内各房间的配置、用途、数量以及相互间的联系情况，底层有1个门厅、8个办公室、2个厕所、1个楼梯间。从西南角的大门进入为门厅，门厅正对面为一办公室，右转为走廊，走廊北侧紧挨办公室为楼梯间，旁边为卫生间，东面是三间办公室，走廊的南面为四间办公室，其中正对楼梯为一小面积办公室。走廊的尽头，即在该楼房的东侧有一应急出入口。

（4）建筑物的占地面积为一层外墙外边线所包围的面积，该尺寸为尺寸标注中的第一道尺寸，从图2-14中可知本楼长32.9m，宽12m，占地总面积394.8m²，室内标高为0.000m。

（5）南侧的房间与走廊之间没有框架柱，只有内墙分隔。图2-14中第三道尺寸表示各细部的尺寸，表示外墙窗和窗间墙的尺寸，以及出入口部位门的尺寸等。图2-14中在外墙上有3种形式的窗，它们的代号分别为C-1、C-2、C-3。C-1窗洞宽为5.4m，为南侧三个大办公室的窗；C-2窗洞宽为1.8m，主要位于北侧各房间的外墙上，以及南侧小办公室的外墙上；C-3窗洞宽为1.5m，位于走廊西侧尽头的墙上。除北侧三个大办公室以及附加定位轴线处两窗之间距离为1.8m，西侧C-3窗距离Ⓑ轴200mm外，其余与轴线相邻部位窗到轴线距离均为900mm。门有两处，正门代号为M-1，东侧的小门为M-2。M-1门洞宽5.4m，边缘距离两侧轴线900mm；M-2门洞宽1.5m。

（6）在一层平面图的内部还有一些尺寸，这些尺寸是房间内部门窗的大小尺寸和定位尺寸以及内部墙的厚度尺寸。要弄清这些尺寸需要先清楚楼层内部的各房间结构。各办公室都有门，该门代号为M-3，门洞宽为1m，门洞边缘距离墙中线均为500mm，六个大办公室走廊两侧的墙上均留有一高窗，代号为C-4，窗洞宽1.8m，距离相邻轴线500mm或1300mm不等，高窗窗台距地面高度为1.8m。图中还可以在内墙上看到D1～D4 4个预留洞，并且给出了各预留洞的定位尺寸，在"预留洞一览表"中给出了4个预留洞的尺寸大小、中心距地高度，备注中说明这4个预留洞为电洞。在厕所部位给出的尺寸比较多，这些尺寸为厕所内分隔的定位尺寸，厕所内用到了M-4和C-5，另有一通风道，通风道的形式，需要查找05系列建筑标准设计图集05J11－2册J42图的1详图。为表示清楚门窗统计表，图中也将其内容列出，图中除门窗的统计表外还给出了门窗的详细尺寸。

（7）在平面图中，除了平面尺寸，对于建筑物各组成部分，如楼地面、楼梯平台面、室内外地坪面、外廊和阳台面处，一般都分别注明标高。这些标高均采用相对标高，并将建筑物的底层室内地坪面的标高定为±0.000（即底层设计标高）。该办公楼门厅处地坪的标高定为零点（即相当于总平面图中的室内地坪绝对标高73.25m）。厕所间地面标高是−0.020m，表示该处地面比门厅地面低20mm。正门台阶顶面标高为−0.002m，表示该位置比门厅地面低2mm。

（8）图中还给出了建筑剖面图的剖切位置。图中④、⑤轴线间和②、③轴线间分别表明了剖切符号1—1和2—2等,表示建筑剖面图的剖切位置(图中未示出),剖视方向向左,以便与建筑剖面图对照查阅。

(9)图中还标注了室外台阶和散水的大小与位置。正门台阶长7.7m,宽1.9m,每层台阶面宽均为300mm,台阶顶面长6.5m,宽1.3m。室外散水均为900mm。

(10)附注说明了内外墙的建筑材料。

2. 标准层平面图

因为图中所示的楼层为三层,所以标准层只有第二层。二层平面图的图示内容及识图方法与首层平面图基本相同,只对它们的不同之处进行讲解。

(1)二层平面图中不必再画出一层平面图已显示过的指北针、剖切符号以及室外地面上的散水等。

(2)一层平面图中②③轴线间设有台阶,在二层相应位置应设有栏板。

(3)看房间的内部平面布置和外部设施。一层平面图中的大办公室及门厅在二层平面图中改为了开间为②③轴线间距的办公室。楼梯间的梯段仍被水平剖切面剖断,用倾斜45°的折断线表示,但折断线改为了两根,因为它剖切的不只是上行的梯段,在二层还有下行的梯段,下行的梯段完整存在,并且还有部分踏步与上行的部分踏步投影重合。

(4)读门、窗及其他配件的图例和编号,二层平面图中南侧的门窗有了较大变动。C-1的型号都改为了C-2,数量也相应增加。

(5)看平面的标高,二层平面标高为3.600m。

(6)附注说明了内外墙的建筑材料。

3. 顶层平面图

因为图中所示的楼层为三层,所以顶层即为第三层。三层平面图的图示内容和识图方法与二层平面图基本相同,这里就不再赘述,只对它们的不同之处进行讲解。

(1)三层平面图中②③轴线间的楼梯间,梯段不再被水平剖切面剖切,也不再用倾斜45°的折断线表示,因为它已经到了房屋的最顶层,不再需要上行的梯段,故B轴线的栏杆直接连接在了③轴线的墙体上。

(2)看平面的标高,三层平面标高为7.200m。

(3)附注说明了内外墙的建筑材料。

4. 屋顶平面图

(1)看屋面平面图的图名、比例可知,该图比例为1∶100。

(2)屋顶的排水情况,屋顶南北方向设置一个双向坡,坡度2%,东西方向设置4处向雨水管位置排水的双向坡,坡度1%。屋顶另有上人孔一处,排风道一处,详图可参见建筑标准设计图集。

(3)水管做法、出屋面各类管道泛水做法、接闪带做法见图下方所附说明。

第三章

建筑立面图识读

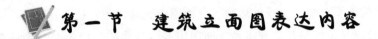

第一节　建筑立面图表达内容

一、概述

建筑立面图,是平行于建筑物各方向外墙面的正投影图,简称(某向)立面图。建筑立面图用来表示建筑物的体型和外貌,并表明外墙面装饰材料与装饰要求等的图样。

一栋建筑给人的第一印象往往是建筑的立面,立面设计的优劣直接影响着建筑的形象。立面设计相对于造型设计主要分为两部分:大体块的设计,即为了反映建筑功能特征,结合建筑内部空间及其使用要求而进行的体量设计,这类功能的立面设计形成了建筑的大体造型;体量的变形,主要是对建筑体型的各个方面进行深入的刻画和处理,使整个建筑形象趋于完善,同时合理确定立面各组成部分的形状、色彩、比例关系、材料质感等,运用节奏、韵律、虚实对比等构图规律设计出完整、美观、反映时代特征的立面。

实际上,平面和立面是一个实体的不同表达方式,平面与立面是密不可分的。平面是方的,立面整体上必然也是方的;平面有凹凸,一般情况下立面上也有凹凸;平面层数局部增加,则立面也必然局部高起。从建筑造型和整体来看,平面和立面有如形与影的关系。

立面图的数量是根据建筑物立面的复杂程度来定的,可能有两个、三个或四个。对于两个方向对称的建筑,在对称方向上的立面图可以只有一个;如果每个立面都不相同,则每个方向的立面图各有一个。有的建筑,布局较为自由,可能成 L 形、U 形或"口"字形等。这个时候,即使看四个立面也不能很直观地看出建筑的外观,这就要结合相应位置的剖面图一起来看了。

建筑立面图的命名方式,见表 3-1。

表 3-1　建筑立面图的命名方式

项目	内容
按房屋的朝向命名	建筑在各个位置上的立面图被称为南立面图、北立面图、东立面图、西立面图

续表

项目	内 容
按轴线编号命名	①～⑥立面图、⑥～①立面图、Ⓐ～Ⓔ立面图、Ⓔ～Ⓐ立面图
按房屋立面的主次命名	按建筑物立面的主次,把建筑物主要入口面或反映建筑物外貌主要特征的立面图称为正立面图,从而确定背立面图、左侧立面图、右侧立面图

二、内容

(1)图名、比例、立面两端的轴线及编号。详细的轴线尺寸以平面图为准,立面图中只画出两端的轴线,以明确位置,但轴线位置及编号必须与平面图对应起来。

(2)外墙面的体型轮廓和屋顶外形线在立面图中通常用粗实线表示。

(3)门窗的形状、位置与开启方向是立面图中的主要内容。门窗洞口的开启方式、分格情况都是按照有关的图例绘制的。有些特殊的门窗,如不能直接选用标准图集,还会附有详图或大样图。

(4)外墙上的一些构筑物。按照投影原理,立面图反映的还有室外地坪,以上能够看得到的细部,如勒脚、台阶、花台、雨篷、阳台、檐口、屋顶和外墙面的壁柱雕花等。

(5)标高和竖向的尺寸。立面图的高度主要以标高的形式来表现,一般需要标注的位置有:室内外的地面、门窗洞口、栏板顶、台阶、雨篷、檐口等。这些位置,一般标清楚了标高,竖向的尺寸可以不写。竖向尺寸主要标注的位置常设在房屋的左右两侧,最外面的一道总尺寸标明的是建筑物的总高度,第二道分尺寸标明的是建筑物的每层层高,最内侧的一道分尺寸标明的是建筑物左右两侧的门窗洞口的高度、距离本层层高和上层层高的尺寸。

(6)立面图中常用相关的文字说明来标注房屋外墙的装饰材料和做法。通过标注详图索引,可以将复杂部分的构造另画详图来表达。

三、识读技巧

(1)首先看立面图上的图名和比例,再看定位轴线确定是哪个方向上的立面图及绘图比例是多少,立面图两端的轴线及其编号应与平面图上的相对应。

(2)看建筑立面的外形,了解门窗、阳台栏杆、台阶、屋檐、雨篷、出屋面排气道等的形状及位置。

(3)看立面图中的标高和尺寸,了解室内外地坪、出入口地面、窗台、门口及屋檐等处的标高位置。

(4)看房屋外墙面装饰材料的颜色、材料、分格做法等。

(5)看立面图中的索引符号、详图的出处、选用的图集等。

第二节　识图举例

实例1：某办公楼立面图（图3-1～图3-4）

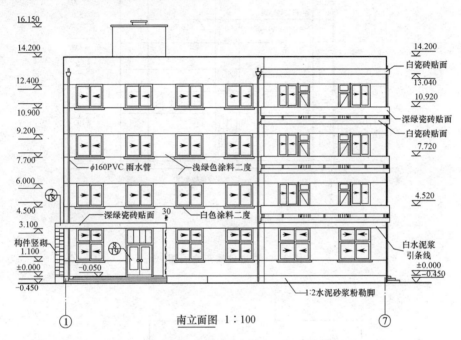

南立面图 1：100

图3-1　某办公楼南立面图

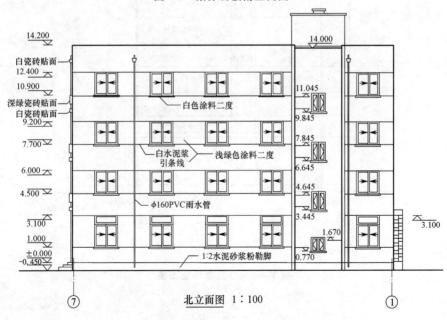

北立面图 1：100

图3-2　某办公楼北立面图

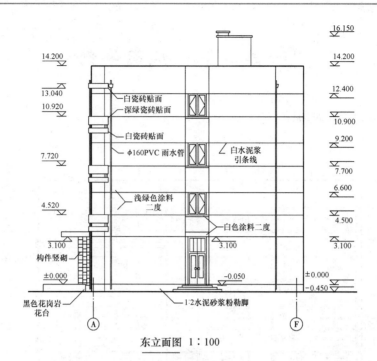

东立面图 1:100

图 3-3　某办公楼东立面图

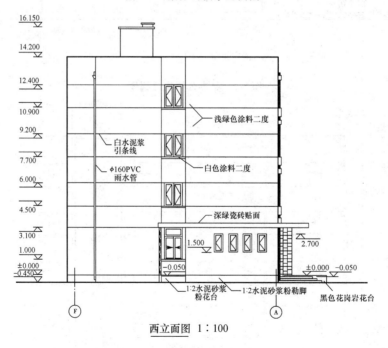

西立面图 1:100

图 3-4　某办公楼西立面图

1. 南立面图

(1)本图按照房屋的朝向命名,即该图是房屋的正立面图,图的比例为1:100,图中表明建筑的层数是四层。

(2)从右侧的尺寸、标高可知,该房屋室外地坪为-0.450m。可以看出一层室内的底标高为±0.000m,二层窗户的底标高为4.520m,三层窗户的底标高为7.720m,四层窗户的底标高为10.920m,楼顶最高处标高为16.150m。

(3)从顶部引出线看到,建筑左侧的外立面材料由浅绿色涂料饰面,窗台为白色涂料饰面,建筑右侧的外立面材料由白色瓷砖和深绿色瓷砖贴面,勒脚采用1:2水泥砂浆粉。

2. 北立面图

(1)本图按照房屋的朝向命名,即该图是房屋的背立面图,图的比例为1:100,图中表明建筑的层数是四层。

(2)其他标高与正立面图相同,本图中标明了楼梯休息平台段的窗户的标高。

(3)图中标明了采用直径为160mm的PVC雨水管。

3. 东立面图

(1)本图按照房屋的朝向命名,即该图是房屋的右立面图,图的比例为1:100,图中表明建筑的层数是四层。

(2)其他标高与正立面图相同,本图中标明了建筑右侧窗户的标高。

(3)图中标明了采用直径为160mm的PVC雨水管,建筑南侧正门台阶处采用黑色花岗岩花台。

4. 西立面图

(1)本图按照房屋的朝向命名,即该图是房屋的左立面图,图的比例为1:100,图中表明建筑的层数是四层。

(2)其他标高与正立面图相同,本图中标明了建筑左侧窗户的标高。

(3)图中标明了采用直径为160mm的PVC雨水管,建筑南侧正门台阶处采用黑色花岗岩花台。

实例2:某宿舍楼立面图(图3-5)

1. ①~⑤立面图

(1)本图采用轴线标注立面图的名称,即该图是房屋的正立面图,图的比例为1:100,图中表明建筑的层数是三层。

(2)从右侧的尺寸、标高可知,该房屋室外地坪为-0.300m。可以看出一层大门的底标高为±0.000m,顶标高为2.400m;一层窗户的底标高为0.900m,顶标高为2.400m;二、三层阳台栏板的顶标高分别为4.400m、7.700m;二、三层门窗的顶标高分别为5.700m、9.000m;底部因为栏板的遮挡,看不到,所以底标高没有标出。

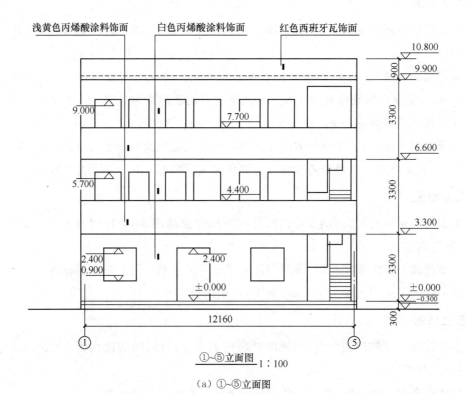

（a）①～⑤立面图

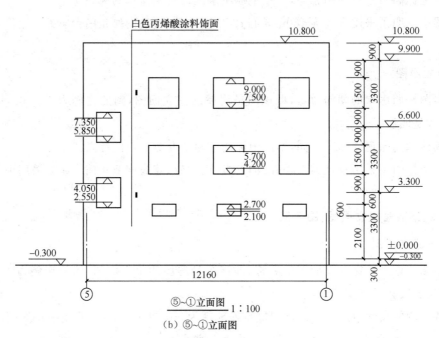

（b）⑤～①立面图

图 3-5 某宿舍楼立面图

（3）图中看出楼梯位于正立面图的右侧，上行的第一跑位于 5 号轴线处，每层有两跑到达。

（4）从顶部引出线看到，建筑的外立面材料由浅黄色丙烯酸涂料饰面，内墙由白色丙烯酸涂料饰面，女儿墙上的坡屋檐由红色西班牙瓦饰面。

2.⑤～①立面图

（1）本图采用轴线标注立面图的名称，即该图是房屋的背立面图，图的比例为 1∶100，图中表明建筑的层数是三层。

（2）从右侧的尺寸、标高可知，该房屋室外地坪为 −0.300m。可以看出一层窗户的底标高为 2.100m，顶标高为 2.700m；二层窗户的底标高为 4.200m，顶标高为 5.700m；三层窗户的底标高为 7.500m，顶标高为 9.000m。位于图面左侧的是楼梯间窗户，它的一层底标高为 2.550m，顶标高为 4.050m；二层底标高为 5.850m，顶标高为 7.350m。

从顶部引出线看到，建筑的背立面装饰材料比较简单，为白色丙烯酸涂料饰面。

第四章

建筑剖面图识读

第一节　建筑剖面图表达内容

一、概述

建筑剖面图一般是指建筑物的垂直剖面图,也就是假想用一个竖直平面去剖切房屋,移去靠近观察者视线的部分后的正投影图,简称剖面图,如图 4-1 所示。

剖切平面是假想的,由一个投影图画出剖面图后,其他投影图不受剖切的影响,仍然按剖切前的完整形体来画,不能画成半个。

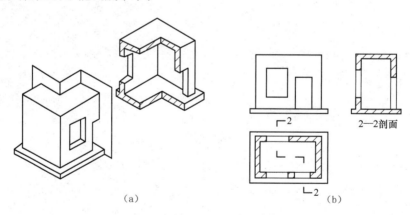

（a）　　　　　　　　　　　　　　（b）

图 4-1　建筑剖面图的形成

建筑剖面图是表示建筑物内部垂直方向的高度、楼层分层、垂直空间的利用以及简要的结构形式和构造方式等情况的图样,如屋顶形式、屋顶坡度、檐口形式、楼板布置方式、楼梯的形式及其简要的结构、构造等。

剖面图的剖切位置,应选择在内部结构和构造比较复杂或有变化以及有代表性的部位,其数量视建筑物的复杂程度和实际情况而定。

剖面图的数量是根据房屋的具体情况和施工的实际需要决定的。剖切面一般横向,即平行于侧面,必要时也可纵向,即平行于正面。其位置应选择在能反映出房屋内部构造的比较复杂和典型的部位,并应通过门窗洞的位置。若为多层房屋,剖切面应选择在楼梯间或层高不同、层数不同的部位。剖面图的图名应与平面图上所标注剖切符号的编号一致。

剖面图中的图线形体被切开后,移开部分的形体表面的可见轮廓线不存在了,在剖面图中不再画出。剖切平面所切到的实心体形成切断面。为了突出断面部分,剖面图中被剖到的构配件的轮廓线用粗实线绘制,断面轮廓范围内按国家标准规定画成材料图例,材料图例如不能指明形体的建筑材料时,则用间距相等、与水平线成 45°角并相互平行的细实线作图例线。在剖面图中,除断面轮廓以外,其余投影可见的线均画成中粗实线。对于那些不重要的、不影响表示形体的虚线,一般省去不画。

为了方便看图,应把所画的剖面图的剖切位置、投影方向及剖面编号在与剖面图有关的投影图中,用剖切符号表示出来。通常剖面图中不标注剖切符号的情况是:通过门、窗口的水平剖面图,即建筑平面图;通过形体的对称平面、中心线等位置剖切所画出的建筑剖面图。

建筑剖面图的剖切位置通常选择在能表现建筑物内部结构,构造比较复杂、有变化、有代表性的部位。一般应通过门窗洞口、楼梯间及主要出入口等位置。必要时,还要采用几个平行的平面进行剖切。

建筑剖面图的主要任务是根据房屋的使用功能和建筑外观造型的需要,考虑层数、层高及建筑在高度方向的安排方式。它用来表示建筑物内部垂直方向的结构形式、分层情况、内部构造以及各部位的高度,同时还要表明房屋各主要承重构件之间的相互关系,如各层梁、板的位置及其与墙、柱的关系,屋顶的结构形式及其尺寸等。

地面以上的内部结构和构造形式,主要由各层楼面、屋面板的设置决定。在剖面图中,主要是表达清楚楼面层、屋顶层、各层梁、梯段、平台板、雨篷等与墙体间的连接情况。但在比例为 1∶100 的剖面图中,对于楼板、屋面板、墙身、天沟等详细构造的做法,不能直接详细地表达,往往要采用节点详图和施工说明的方式来表明构件的构造做法。

详图一般采用较大比例,如 1∶1、1∶5、1∶10 等,单独绘制,同时还要附加详细的施工说明。节点详图的特点是比例大,图示清楚,尺寸标注齐全,文字说明准确、详细。施工说明表达了图纸无法表达的重要内容,如设计依据、采用图集、细部构造的具体做法等。

一般情况下,简单的楼房有两个剖面图即可。一个剖面图表达建筑的层高、被剖切到的房间布局及门窗的高度等;另一个剖面图表达楼梯间的尺寸、每层楼梯的踏步数量及踏步的详细尺寸、建筑入口处的室内外高差、雨篷的样式及位置等。

有特殊设备的房间,如卫生间、实验室等,需用详图标明固定设备的位置、形状及其细部做法等。局部构造详图中如墙身剖面、楼梯、门窗、台阶、阳台等都要分别画出。有特殊装修的房间,需绘制装修详图,如吊顶平面图等。

建筑剖面图的所有内容都与建筑物的竖向高度有关,它主要用来确定建筑物的竖向高度。所以在看剖面图时,主要看它的竖向高度,并且要与平面图、立面图结合着看。在剖面图中,主要房间的层高是影响建筑高度的主要因素,为保证使用功能齐全、结构合理、构造简单,应结合建筑规模、建筑层数、用地条件和建筑造型,进行相应的处理。

在施工过程中,依据建筑剖面图进行分层,砌筑内墙,铺设楼板、屋面板和楼梯,内部装修等工作。

建筑剖面图与建筑立面图、建筑平面图结合起来表示建筑物的全局,因而建筑平、立、剖面图是建筑施工最基本的图样。

二、内容

(1)建筑剖面图的图名用阿拉伯数字、罗马数字或拉丁字母加"剖面图"形成。

(2)建筑剖面图的比例常用1:100,有时为了专门表达建筑的局部时,剖面图比例可以用1:50。

(3)在建筑剖面图中,定位轴线的绘制与平面图中相似,通常只需画出承重外墙体的轴线及编号。轻质隔墙或其他非重要部位的轴线一般不用画出,需要时,可以标明到最临近承重墙体轴线的距离。

(4)剖切到的构配件主要有:剖切到的屋面(包括隔热层及吊顶),楼面,室内外地面(包括台阶、明沟及散水等),内外墙身及其门、窗(包括过梁、圈梁、防潮层、女儿墙及压顶),各种承重梁和联系梁,楼梯梯段及楼梯平台,雨篷及雨篷梁,阳台,走廊等。

(5)在建筑剖面图中,因为室内外地面的层次和做法一般都可以直接套用标准图集,所以剖切到的结构层和面层的厚度在使用1:100的比例时只需画两条粗实线表示,使用1:50的比例时,除了画两条粗实线外,还需在上方再画一条细实线表示面层,各种材料的图块要用相应的图例填充。

(6)楼板底部的粉刷层一般不用表示,其他可见的轮廓线如门窗洞口、内外墙体的轮廓、栏杆扶手、踢脚、勒脚等均要用粗实线表示。

(7)有地下室的房屋,还需画出地下部分的室内外地面及构件,下部截止到地面以下基础墙的圈梁以下,用折断线断开。除了此种情况以外,其他房屋则不需画出室内外地面以下的部分。

(8)在剖面图中,主要表达清楚的是楼地面、屋顶、各种梁、楼梯段及平台板、雨篷与墙体的连接等。当使用1:100的比例时,这些部位很难显示清楚。被剖切到的构配件当比例小于1:100时,可简化图例,如钢筋混凝土可涂黑;比较复杂的部位,常采用详图索引的方式另外引出,再画出局部的节点详图,或直接选用标准图集的构造做法。楼梯间的剖面,要表达清楚被剖切到的梯段和休息平台的断面形式;没有被剖切到的梯段,要绘出楼梯扶手的样式投影图。

(9)在剖面图中,主要表达的是剖切到的构配件的构造及其做法,所以常用粗实线表示。对于未剖切到的可见的构配件,也是剖面图中不可缺少的部分,但不是表现的重点,所以常用细实线表示,和立面图中的表达方式基本一样。

(10)剖面图的尺寸标注一般有外部尺寸和内部尺寸之分。在剖面图之中,室外地坪、外墙上的门窗洞口、檐口、女儿墙顶部等处的标高,以及与之对应的竖向尺寸、轴线间距尺寸、窗台等细部尺寸为外部尺寸;室内地面、各层楼面、屋面、楼梯平台的标高及室内门窗洞的高度尺寸为内部尺寸。

(11)在剖面图中标高的标注,在某些位置是必不可少的,如每层的层高处、女儿墙顶部、室内外地坪处、剖切到但又未标明高度的门窗顶底处、楼梯的转向平台、雨篷等。

(12)对于剖面图中不能用图样的方式表达清楚的地方,应加以适当的施工说明来注释。详图索引符号用于引出详图。

三、识图技巧

(1)先看图名、轴线编号和绘图比例。将剖面图与底层平面图对照,确定建筑剖切的位置和投影的方向,从中了解剖面图表现的是房屋哪部分、向哪个方向的投影。

(2)看建筑重要部位的标高,如女儿墙顶的标高、坡屋面屋脊的标高、室外地坪与室内地坪的高差、各层楼面及楼梯转向平台的标高等。

(3)看楼地面、屋面、檐线及局部复杂位置的构造。楼地面、屋面的做法通常在建筑施工图的第一页建筑构造中选用了相应的标准图集,与图集不同的构造通常用一引出线指向需要说明的部位,并按其构造层次依次列出材料等说明,有时绘制在墙身大样图中。

(4)看剖面图中某些部位坡度的标注,如坡屋面的倾斜度、平屋面的排水坡度、入口处的坡道、地下室的坡道等需要做成斜面的位置,通常这些位置标注的都有坡度符号,如1%或1:10等。

(5)看剖面图中有无索引符号。剖面图不能表达清楚的地方,应注有索引符号,对应详图看剖面图,才能将剖面图真正看明白。

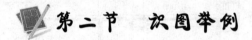

第二节 识图举例

实例1:某办公大楼剖面图(图4-2)

1—1、2—2剖面图:

(1)该图中反映了该楼从地面到屋面的内部构造和结构形式,该剖面图还可以看到正门的台阶和雨篷。

(2)基础部分一般不画,它在"结施"基础图中表示。

(3)图中给出该楼地面以上最高高度为16.150m,一层、四层楼层高3.6m,二层、三层楼层高3.2m,屋顶围墙高1.4m。

(4)E轴线外墙面上一层的窗洞高2.1m,二层~四层的窗洞高1.5m,窗台面至本层楼面高度一层为1000mm,二层~四层的窗洞高900mm,窗顶至上层楼面高度一层为500mm,二层~四层的窗洞高800mm。

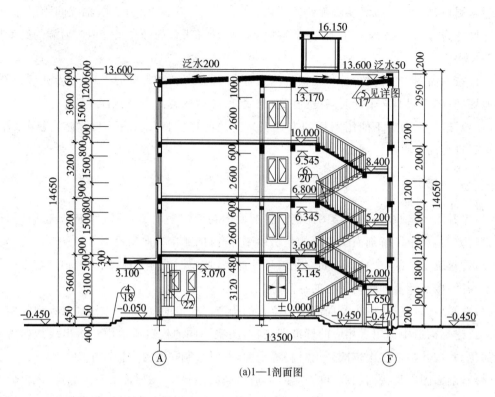

(a)1—1剖面图

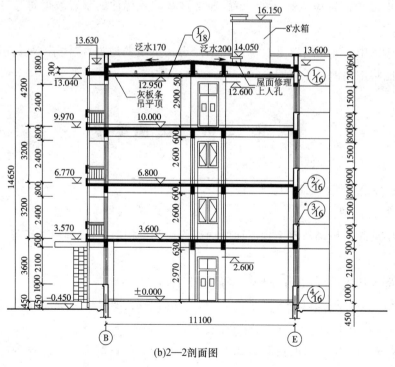

(b)2—2剖面图

图 4-2　某办公大楼 2—2 剖面图

实例 2：某企业员工宿舍楼剖面图（图 4-3）

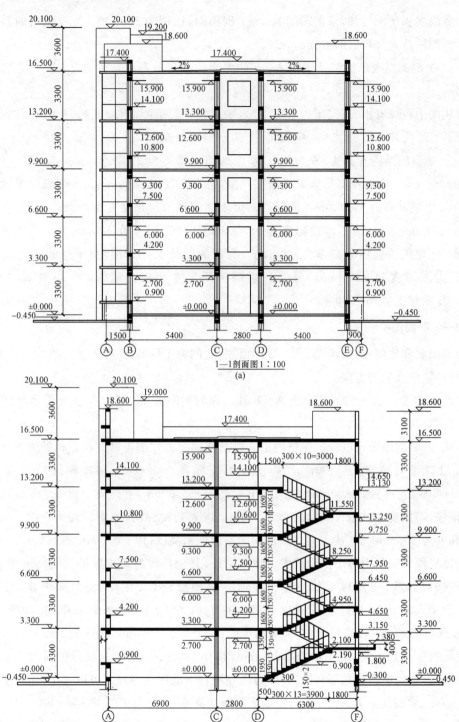

1—1剖面图 1：100

(a)

2—2剖面图 1：100

(b)

图 4-3 某企业员工宿舍楼剖面图

1.1—1 剖面图

(1)看图名和比例可知,该剖面图为1—1剖面图,比例为1:100。对应建筑的首层平面图,找到剖切的位置和投射的方向。

(2)1—1剖面图表示的都是建筑 A~F 轴之间的空间关系。表达的主要是宿舍房间及走廊的部分。

(3)从图中可以看出,该房屋为五层楼房,平屋顶,屋顶四周有女儿墙,为混合结构。屋面排水采用材料找坡 2% 的坡度;房间的层高分别为 ±0.000m、3.300m、6.600m、9.900m、13.200m。屋顶的结构标高为 16.500m。宿舍的门高度均为 2700mm,窗户高度为 1800mm,窗台离地 900mm。走廊端部的墙上中间开一窗,窗户高度为 1800mm。剖切到的屋顶女儿墙高 900mm,墙顶标高为 17.400m。能看到的但未剖切到的屋顶女儿墙高低不一,高度分别为 2100mm、2700mm、3600mm,墙顶标高为 18.600m、19.200mm、20.100mm。从建筑底部标高可以看出,此建筑的室内外高差为 450mm。底部的轴线尺寸标明,宿舍房间的进深尺寸为 5400mm,走廊宽度为 2800mm。另外有局部房间尺寸凸出主轴线,如 A 轴到 B 轴间距 1500mm,E 轴到 F 轴间距 900mm。

2.2—2 剖面图

(1)看图名和比例可知,该图为 2—2 剖面图,比例为 1:100。对应建筑的首层平面图,找到剖切的位置和投射的方向。

(2)2—2剖面图表示的都是建筑 A~F 轴之间的空间关系。表达的主要是楼梯间的详细布置及与宿舍房间的关系。

(3)从 2—2 剖面图可以看出建筑的出入口及楼梯间的详细布局。在 F 轴处为建筑的主要出入口,门口设有坡道,高 150mm(从室外地坪标高 -0.450m 和楼梯间门内地面标高 -0.300m 可算出);门高 2100mm(从门的下标高为 -0.300m,上标高 1.800m 得出);门口上方设有雨篷,雨篷高 400mm,顶标高为 2.380m。进入到楼梯间,地面标高为 -0.300m,通过两个总高度为 300mm 的踏步上到一层房间的室内地面高度(即 ±0.000m 标高处)。

(4)每层楼梯都是由两个梯段组成。除一层外,其余梯段的踏步数量及宽高尺寸均相同。一层的楼梯特殊些,设置成了长短跑。即第一个梯段较长(共有 13 个踏步面,每个踏步 300mm,共有 3900mm 长),上的高度较高(共有 14 个踏步高,每个踏步高 150mm,共有 2100mm 高);第二个梯段较短(共有 7 个踏步面,每个踏步 300mm,共有 2100mm 长),上的高度较低(共有 8 个踏步高,每个踏步高 150mm,共有 1200mm 高)。这样做的目的主要是将一层楼梯的转折处的中间休息平台抬高,使行人在平台下能顺利通过。可以看出,休息平台的标高为 2.100m,地面标高为 -0.300m,所以下面空间高度(包含楼板在内)为 2400mm。除去楼梯梁的高度 350mm,平台下的净高为 2050mm。这样就满足了《民用建筑设计通则》(GB 50352—2005)6.7.5"楼梯平台上部及下部过道处的净高不应小于 2m"的规定。二层到五层的楼梯均由两个梯段组成,每个梯段有 11 个踏步,踏步的高 150mm、宽 300mm,所以梯段的长度为 300mm×10＝3300mm，高度为 150mm×11＝1650mm。楼梯间休息平台的宽度均为 1800mm，标高分别为 2.100m、4.950m、8.250m、11.550m。在每层楼梯间都设有窗户，窗的底标高分别为 3.150m、6.450m、9.750m、13.150m，窗的顶标高分别为 4.650m、7.950m、11.250m、14.650m。每层楼梯间的窗户距中间休息平台高 1500mm。

（5）与 1—1 剖面图不同的是，走廊底部是门的位置。门的底标高为±0.000m，顶标高为 2.700m。1—1 剖面图的 D 轴线表明被剖切到的是一堵墙；而 2—2 剖面图只是画了一个单线条，并且用细实线表示，它说明走廊与楼梯间是相通的，该楼梯间不是封闭的楼梯间，人流可以直接走到楼梯间再上到上面几层。单线条是可看到的楼梯间两侧墙体的轮廓线。

（6）另外，在 A 轴线处的窗户与普通窗户设置方法不太一样。它的玻璃不是直接安在墙体中间的洞口上的，而是附在墙体外侧，并且通上一直到达屋顶的女儿墙的装饰块处的。实际上，它就是一个整体的玻璃幕墙，在外立面看，是一个整块的玻璃。玻璃幕墙的做法有隐框和明框之分，详细做法可以参考标准图集。每层层高处在外墙外侧伸出装饰性的挑檐，挑檐宽 300mm，厚度与楼板相同。每层窗洞口的底标高分别为 0.900m、4.200m、7.500m、10.800m、14.100m，窗洞口顶标高由每层的门窗过梁决定（用每层层高减去门窗过梁的高度可以得到）。

第五章

建筑详图识读

第一节　建筑详图表达内容

一、概述

建筑的平面图、立面图、剖面图主要用来表达建筑的平面布置、外部形状和主要尺寸,但都是用较小的比例绘制的,而建筑物的一些细部形状、构造等无法表示清楚。因此,在实际中对建筑物的一些节点、建筑构配件形状、材料、尺寸、做法等用较大比例图样表示,称为建筑详图或详图,有时也称大样图。

建筑详图是建筑细部构造的施工图,是建筑平、立、剖面图的补充。建筑详图其实就是一个重新设计的过程。平、立、剖面图是从总体上对建筑物进行的设计,建筑详图是在局部对建筑物进行的设计。图纸画出来最终是给施工人员看的,施工人员再按照图纸的要求进行施工。所以,任何需要表达清楚的地方,都要画出详图,否则施工人员会无从下手。至于各个专业之间的交接问题,以民用建筑为例,建筑专业画出平面图后(立面图、剖面图在提交时并不必须有),向结构、电气、给排水、暖通专业提交,结构、电气、给排水、暖通专业在收到条件后,根据要求进行各自的工作;完成布置图后,各自向建筑专业提交条件;建筑专业根据其他专业的反交接内容,完善自己的图纸。最后,在出图前,由相互交接的各专业进行会签确认。

图集是一种提高设计效率的工具。常见的构造详图一般有设计单位编制成的标准详图图集,很多详图都能够在图集中找到。在图集中对各个节点的做法都有详细的说明,并明确了其适用范围。在不需要改动的情况下,可以根据图集说明直接选用图集内容,只需在图纸中注明选用的图集名称、图集号、节点所在页码、页码中的节点编号即可;如果需要改动,可以参考图集中的相关内容进行节点绘制。在改动较小的情况下,在图纸中可以仅表示改动内容,其他的在说明中注明按照图集相关内容施工即可。

建筑平、立、剖面图一般用较小的比例,在这些图上难以表示清楚建筑物的某些部位(如阳台、雨水管等)和一些构造节点(如檐口、窗台、勒脚、明沟等)的形状、尺寸、材料。由此可见,建筑详图是建筑细部构造的施工图,是建筑平、剖、立面图等基本图纸的补充和深化,是建筑工程的细部施工、建筑构配件的制作和预算编制的依据。对于套用标准图或通用图的建筑构配件和节点,只要注明所套用图集的名称、型号和页次等符号,可不必再画详图。对于建筑构造节点详图,除了要在平、剖、立面图的有关部位绘注索引符号,还应在图上绘注详图符号和写明详图名称,以便对照查阅。对于建筑构配件详图,一般只要在所画的详图上写明该建筑构配件的名称和型号,不必在平、剖、立面图上绘索引符号。

建筑详图的特点是比例大,反映的内容详尽,常用的比例有 1∶50、1∶20、1∶10、1∶5、1∶2、1∶1 等。建筑详图一般包括局部构造详图(如楼梯详图、厨卫大样、墙身详图等)、构件详图(如门窗详图、阳台详图等)以及装饰构造详图(如墙裙构造详图、门窗套装饰构造详图)三类详图。

建筑详图要求图示的内容清楚,尺寸标准齐全,文字说明详尽,一般应表达出构配件的详细构造,所用的各种材料及其规格,各部分的构造连接方法及其相对位置关系,各部位、各细部的详细尺寸,有关施工要求、构造层次及制作方法说明等。同时,建筑详图必须加注图名(或详图符号),详图符号应与被索引的图样上的索引符号相对应,还要在详图符号的右下侧注写比例。对于套用标准图集或通用图集的建筑构配件或节点,只需注明所套用图集的名称、编号、页次等,可不必另画详图。

二、内容

详图名称、比例。详图符号、编号以及再需另画详图时的索引符号。建筑构配件的形状以及与其他构配件的详细构造、层次、有关的详细尺寸和材料图例等。详细注明各部位和层次的用料、做法、颜色以及施工要求等。需要画上的定位轴线及其编号。要标注的标高等。

三、识图技巧

首先应明确该详图与有关图的关系,根据所采用的索引符号、轴线编号、剖切符号等明确该详图所示部分的位置,将局部构造与建筑物整体联系起来,形成完整的概念。识读建筑详图的时候,要细心研究,掌握有代表性的部位的构造特点,并灵活运用。一个建筑物由许多构配件组成,而它们多数属相同类型,因此只要了解其中一个或两个的构造及尺寸,就可以类推其他构配件。

第二节　外墙节点详图

一、概述

外墙节点详图的形成原理与剖面图相同。外墙详图就是几个节点详图的组合,在绘制外墙详图时,一般在门窗洞口中间用折断线断开。

墙身详图实质上是建筑剖面图中外墙墙身部分的局部放大图。它主要反映墙身各部位的详细构造、材料、做法及详细尺寸,同时也注明了各部位的标高和详图索引符号。墙身详图与平面图配合,是砌墙、室内外装修、门窗安装、施工预算编制以及材料估算的重要依据。

二、内容

外墙详图是建筑详图的一种,通常采用的比例为 1∶20。编制图名时,表示的是哪部分的详图,就命名为××详图。外墙详图的标识与基本图的标识相一致。外墙详图要与平面图中的剖切符号或立面图上的索引符号所在位置、剖切方向以及轴线相一致。标明外墙的厚度及其与轴线的关系。轴线是在墙体正中间布置还是偏心布置,以及墙体在某些位置的凸凹变化,都应该在详图中标注清楚,包括墙的轴线编号、墙的厚度及其与轴线的关系、所剖切墙身的轴线编号等。

按"国际标准"规定,如果一个外墙详图适用于几个轴线时,应同时注明各有关轴线的编号。通用轴线的定位轴线应只画圆圈,不注写编号。轴线端部圆圈的直径在详图中为 10mm。标明室内外地面处的节点构造。该节点包括基础墙厚度、室内外地面标高以及室内地面、踢脚或墙裙,室外勒脚、散水或明沟、台阶或坡道,墙身防潮层及首层内外窗台的做法等。标明楼层处的节点构造,各层楼板等构件的位置及其与墙身的关系,楼板进墙、靠墙及其支承等情况。楼层处的节点构造是指从下一层门或窗过梁到本层窗台的部分,包括门窗过梁、雨篷、遮阳板、楼板及楼面标高,圈梁、阳台板及阳台栏杆或栏板、楼面、室内踢脚或墙裙、楼层内外窗台、窗帘盒或窗帘杆,顶棚或吊顶、内外墙面做法等。当几个楼层节点完全相同时,可以用一个图样同时标出几个楼面标高来表示。表明屋顶檐口处的节点构造是指从顶层窗过梁到檐口或女儿墙上皮的部分,包括窗过梁、窗帘盒或窗帘杆、遮阳板、顶层楼板或屋架、圈梁、屋面、顶棚或吊顶、檐口或女儿墙、屋面排水天沟、下水口、雨水斗和雨水管等。多层次构造的共用引出线,应通过被引出的各层。文字说明宜用 5 号或 7 号字注写在横线的上方或端部,说明的顺序由上至下,并与被说明的层次相一致。如层次为横向排列,则由上至下的说明顺序应与由左至右的层次相一致。

尺寸与标高标注。外墙详图上的尺寸和标高的标注方法与立面图和剖面图的标注方法相同。此外,还应标注挑出构件(如雨篷、挑檐板等)挑出长度的细部尺寸和挑出构件的下皮标高。尺寸标注要标明门窗洞口、底层窗下墙、窗间墙、檐口、女儿墙等的高度;标高标注要标明室内外地坪、防潮层、门窗洞的上下口、檐口、墙顶及各层楼面、屋面的标高。立面装修和墙身防水、防潮要求包括墙体各部位的窗台、窗楣、檐口、勒脚、散水等的尺寸、材料和做法,用引出线加以说明。文字说明和索引符号。对于不易表示得更为详细的细部做法,注有文字说明或索引符号,说明另有详图表示。

三、识图技巧

(1)了解图名、比例。

(2)了解墙体的厚度及其所属的定位轴线。

(3)了解屋面、楼面、地面的构造层次和做法。

(4)了解各部位的标高、高度方向的尺寸和墙身的细部尺寸。

(5)了解各层梁(过梁或圈梁)、板、窗台的位置及其与墙身的关系。

(6)了解檐口、墙身防水、防潮层处的构造做法。

四、识图举例

实例1:某办公楼外墙身详图(图5-1)

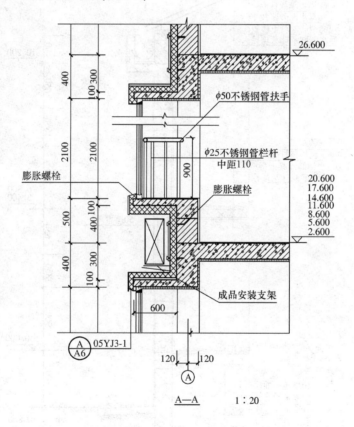

图5-1　某办公楼外墙身详图

(1)该图为某办公楼外墙身详图,比例为1:20。

(2)该办公楼外墙墙身详图适用于A轴线上的墙身剖面,砖墙的厚度为240mm,居中布置(以定位轴线为中心,其外侧为120mm,内侧也为120mm)。

(3)楼面、屋面均为现浇钢筋混凝土楼板构造。各构造层次的厚度、材料及做法,详见构造引出线上的文字说明。

(4)墙身详图应标注室内外地面、各层楼面、屋面、窗台、圈梁或过梁以及檐口等处的标高。同时,还应标注窗台、檐口等部位的高度尺寸和细部尺寸。在详图中,应画出抹灰和装饰构造线,并画出相应的材料图例。

(5)由墙身详图可知,窗过梁为现浇的钢筋混凝土梁,门过梁由圈梁(沿房屋四周的外墙水平设置的连续封闭的钢筋混凝土梁)代替,楼板为现浇板,窗框位置在定位轴线处。

(6)从墙身详图中檐口处的索引符号,可以查出檐口的细部构造做法,把握好墙角防潮层处的做法、材料和女儿墙上防水卷材与墙身交接处泛水的做法。

实例 2:某厂房外墙身详图(图 5-2)

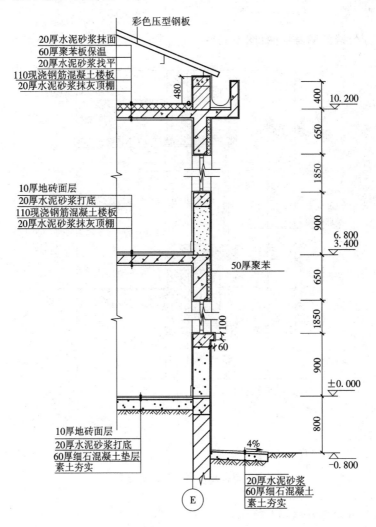

外墙身详图　1:20

图 5-2　某厂房外墙身详图

（1）该图为某厂房外墙墙身详图，比例为1∶20。

（2）该厂房外墙墙身详图由3个节点构成，从图中可以看出，基础墙为普通砖砌成，上部墙体为加气混凝土砌块砌成。

（3）在室内地面处有基础圈梁，在窗台上也有圈梁，一层的窗台的圈梁上部突出墙面60mm，突出部分高100mm。

（4）室外地坪标高−0.800m，室内地坪标高±0.000m。窗台高900mm，窗户高1850mm，窗户上部的梁与楼板是一体的，到屋顶与挑檐也构成一个整体，由于梁的尺寸比墙体小，在外面又贴了厚50mm的聚苯板，可以起到保温的作用。

（5）室外散水、室内地面、楼面、屋面的做法是采用分层标注的形式表示的，当构件有多个层次构造时就采用此法表示。

实例3：某住宅小区外墙身详图（图5-3）

（1）该图为某住宅小区外墙墙身的详图，比例为1∶20。

（2）图中表示出正门处台阶的形式，台阶下部的处理方法，台阶顶面向外侧设置了1％的排水坡，防止雨水进入大厅。

（3）正门顶部有雨棚，雨棚的排水坡为1％，雨棚上用防水砂浆抹面。

（4）正门门顶部位用聚苯板条塞实。

（5）一层楼面为现浇混凝土结构，做法见工程做法。

（6）从图中可知该楼房二、三楼楼面也为现浇混凝土结构，楼面做法见工程做法。

（7）外墙面最外层设置隔热层，窗台下外墙部分为加气混凝土墙，此部分墙厚200mm，窗台顶部设置矩形窗过梁，楼面下设250mm厚混凝土梁，窗过梁上面至混凝土梁之间用加气混凝土墙，外墙内面用厚1∶2水泥砂浆做20mm厚的抹面。

（8）窗框和窗扇的形状和尺寸需另用详图表示，窗顶窗底施工时均用聚苯板条塞实，窗顶设有滴水，室内窗帘盒做法需查找通用图05J7−1第68页5详图。

（9）檐口部分，从①～⑥立面图可知屋顶侧墙铺设屋面瓦，具体施工方法见通用图05JI第102页20详图。檐口外挑宽度为600mm，雨水管处另有详图①，雨水沿雨水管集中流到地面。

（10）雨水管的位置和数量可从立面图或平面图中查到。

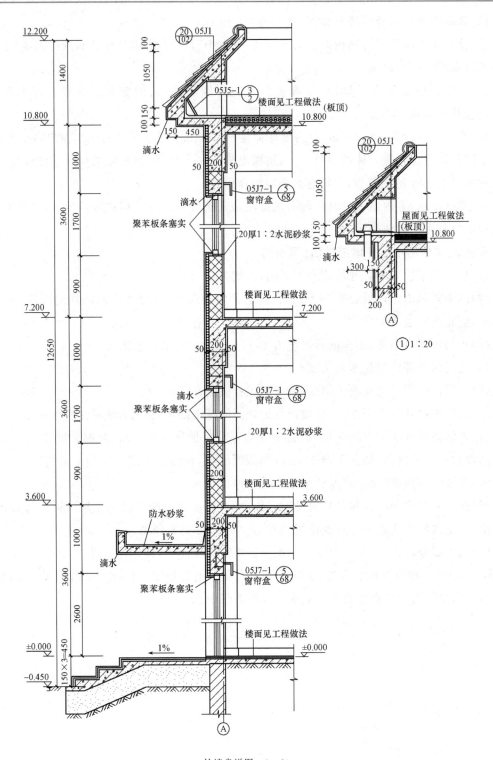

外墙身详图　1：20

图 5-3　某住宅小区外墙身详图

第三节　门窗详图

一、概述

门窗构造图有国家标准图集,在各地区也有相应的通用图供选用。建筑施工图中所用的门窗,如果采用标准的形式,可以直接选用相应的图集。

图集中有常用的样式,各种规格和材料的门窗可以直接选用,选用时,应标明图集的代号、选用的图集页码和具体节点。

二、内容

在门窗详图中,应有门窗的立面图,平开的门窗在图中用细斜线画出门、窗扇的开启方向符号(两斜线的交点表示装门窗扇铰链的一侧,斜线为实线时表示向外开,为虚线时表示向内开),门、窗立面图规定画它们的外立面图。

立面图上标注的尺寸,第一道是窗框的外沿尺寸(有时还注上窗扇尺寸),最外一道是洞口尺寸,也就是平面图、剖面图上所注的尺寸。

门窗详图中都画有不同部位的局部剖面详图,以表示门、窗框和四周的构造关系。

三、识图技巧

(1)了解图名、比例。

(2)通过立面图与局部断面图,了解不同部位材料的形状、尺寸和一些五金配件及其相互间的构造关系。

(3)详图索引符号如⊖中的粗实线表示剖切位置,细的引出线是表示剖视方向,引出线在粗线之左,表示向左观看;同理,引出线在粗线之下,表示向下观看,一般情况,水平剖切的观看方向相当于平面图,竖直剖切的观看方向相当于左侧面图。

四、识图举例

实例1:某会议厅木窗详图(图5-4)

(1)该会议厅木窗详图中,列举的窗户型号分别为 C—4、C—7(C—8)、C—10。

(2)C—4 总高 2550mm,上下分为两部分,上半部分高 1650mm,下半部分高 900mm,横向总宽为 2700mm,分为三个相等的部分,每部分宽 900mm。

(3)C—7(C—8)总高 2550mm,上下分为两部分,上半部分高 1650mm,下半部分高 900mm,横向总宽为 2060mm 和 2000mm,分为三个相等的部分,每部分宽 686.7mm 和 667mm。

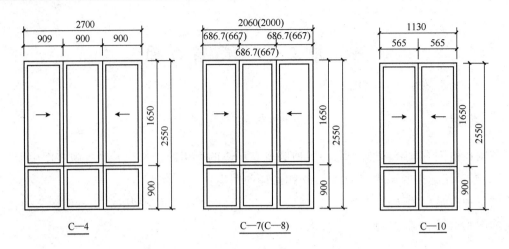

图 5-4　某会议厅木窗详图

(4)C—10 的竖向分格和前面两个一样,都是 2550mm,上下分为两部分,只是横向较窄,总宽 1130mm,分两部分,每格 565mm。

实例 2:某咖啡馆木门详图(图 5-5～图 5-6)

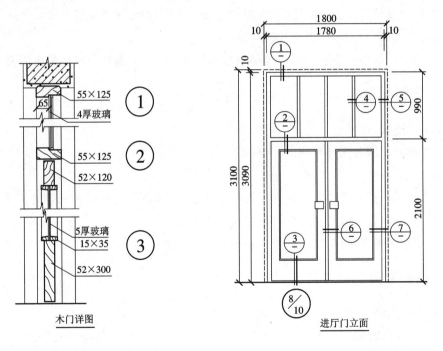

图 5-5　某咖啡馆木门详图　　　　图 5-6　某咖啡馆木门立面图

(1)该咖啡馆木门由立面图与详图组成,完整地表达出不同部位材料的形状、尺寸和一些五金配件及其相互间的构造关系。

(2)立面图最外围的虚线表示门洞的大小。

(3)木门分成上下两部分,上部固定,下部为双扇弹簧门。

（4）在木门与过梁及墙体之间有 10mm 的安装间隙。

（5）详图索引符号中的粗实线表示剖切位置，细的引出线是表示剖视方向，引出线在粗线之左，表示向左观看。引出线在粗线之下，表示向下观看，一般情况，水平剖切的观看方向相当于平面图，竖直剖切的观看方向相当于左侧面图。

第四节　楼梯详图

一、概述

楼梯详图就是楼梯间平面图及其剖面图的放大图。它主要反映楼梯的类型、结构形式、各部位的尺寸及踏步、栏板等装饰做法。它是楼梯施工、放样的主要依据。

二、内容

1. 楼梯平面图

楼梯平面图的形成：楼梯平面图是用一个假想的水平剖切平面通过每层向上的第一个梯段的中部（休息平台下）剖切后，向下作正投影所得到的投影图。楼梯平面图的绘图比例一般采用 1∶50。楼梯平面图的剖切位置，除顶层在安全栏杆（栏板）之上外，其余各层均在上行第一跑中间。与楼地面平行的面称为踏面，与楼地面垂直的面称为踢面。各层下行梯段不用剖切。

楼梯平面图实质上是房屋各层建筑平面图中楼梯间的局部放大图，通常采用 1∶50 的比例绘制。三层以上房屋的楼梯，当中间各层楼梯位置、梯段数、踏步数都相同时，通常只画出底层、中间层（标准层）和顶层三个平面图；当各层楼梯位置、梯段数、踏步数不相同时，应画出各层的楼梯平面图，如图 5-7 所示。各层被剖切到的梯段，均在平面图中以 45°细折断线表示其断开的位置。在每一梯段处画带有箭头的指示线，并注写"上"或"下"字样。

通常情况下，楼梯平面图画在同一张图纸内，并互相对齐，这样既便于识读又可省略标注一些重复尺寸。

楼梯平面图的图示内容：

（1）楼梯间轴线的编号、开间和进深尺寸。

（2）梯段、平台的宽度及梯段的长度；梯段的水平投影长度＝踏步宽×（踏步数－1），因为最后一个踏步面与楼层平台或中间平台面齐平，故减去一个踏步面的宽度。

（3）楼梯间墙厚、门窗的位置。

（4）楼梯的上下行方向（用细箭头表示，用文字注明楼梯上下行的方向）。

（5）楼梯平台、楼面、地面的标高。

(6)首层楼梯平面图中,标明室外台阶、散水和楼梯剖面图的剖切位置。

2. 楼梯剖面图

楼梯剖面图的形成:楼梯剖面图是用一假想的铅垂剖切平面,通过各层的同一位置梯段和门窗洞口,将楼梯剖开向另一未剖到的梯段方向作正投影所得到的投影图。

楼梯剖面图的绘制楼梯剖面图通常采用1:50的比例绘制。在多层房屋中,若中间各层的楼梯构造相同,则剖面图可只画出底层、中间层(标准层)和顶层三个剖面图,中间用折断线分开;当中间各层的楼梯构造不同时,应画出各层剖面图。楼梯剖面图宜和楼梯平面图画在同一张图纸上,屋顶剖面图可以省略不画。

楼梯剖面图的图示内容:

(1)绘图比例常用1:50。

(2)剖切位置应选择在通过第一跑梯段及门窗洞口,并向未剖切到的第二跑梯段方向投影。

(3)被剖切到的楼梯梯段、平台、楼层的构造及做法。

(4)被剖切到的墙身与楼板的构造关系。

(5)每一梯段的踏步数及踏步高度。

(6)各部位的尺寸及标高。

(7)楼梯可见梯段的轮廓线及详图索引符号。

3. 楼梯节点详图

楼梯节点详图主要包括楼梯踏步、扶手、栏杆(或栏板)等的详图。踏步应标明踏步宽度、踢面高度以及踏步上防滑条的位置、材料和做法,防滑条材料常采用马赛克、金刚砂、铸铁或有色金属。

为了保障人们的行走安全,在楼梯梯段或平台临空一侧,设置栏杆和扶手。在详图中主要标明栏杆和扶手的形式、材料、尺寸以及栏杆与扶手、踏步的连接,常选用建筑构造通用图集中的节点做法,与详图索引符号对照可查阅相关标准图集,得到它们的断面形式、细部尺寸、用料、构造连接和面层装修做法等。

三、识图技巧

(1)了解图名、比例。

(2)了解轴线编号和轴线尺寸。

(3)了解房屋的层数、楼梯梯段数、踏步数。

(4)了解楼梯的竖向尺寸和各处标高。

(5)了解踏步、扶手、栏板的详图索引符号。

四、识图举例

实例1:某企业楼梯详图(图5-7~图5-8)

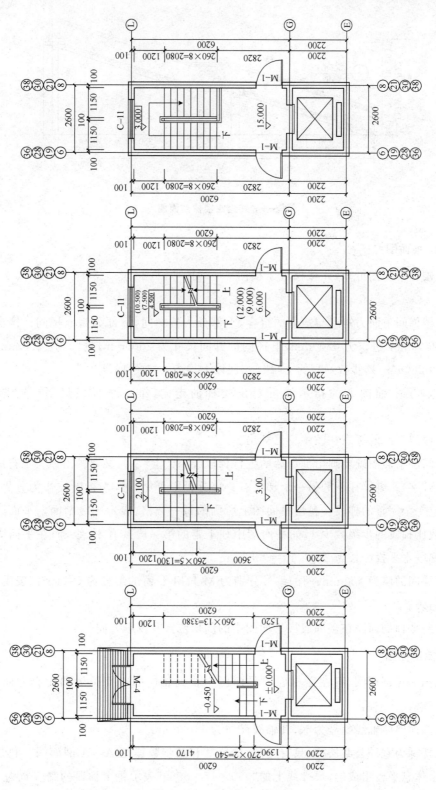

图 5-7 某企业楼梯平面图

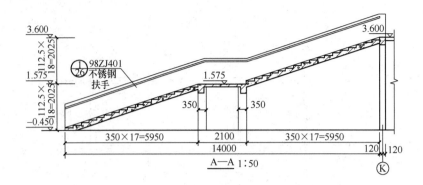

图 5-8　某企业楼梯剖面图

1. 楼梯平面图

(1)由楼梯平面图可知,此楼梯位于横向 6～8(19～21、28～30、36～38)轴线、纵向 E～L 轴线之间。

(2)该楼梯间平面为矩形与矩形的组合,上部分为楼梯间,下部分为电梯间。楼梯间的开间尺寸为 2600mm,进深为 6200mm,电梯间的开间尺寸为 2600mm,进深为 2200mm;楼梯间的踏步宽为 260mm,踏步数一层为 14 级,二层以上均为 9+9＝18 级。

(3)由各层平面图上的指示线可看出楼梯的走向,第一个梯段最后一级踏步距 L 轴 1300mm。

(4)各楼层平面的标高在图中均已标出。

(5)中间层平面图既要画出剖切后的上行梯段(注有"上"字),又要画出该层下行的完整梯段(注有"下"字)。继续往下的另一个梯段有一部分投影可见,用 45°折断线作为分界,与上行梯段组合成一个完整的梯段。各层平面图上所画的每一分格,表示一级踏面。平面图上梯段踏面投影数比梯段的步级数少 1,如平面图中往下走的第一段共有 14 级,而在平面图中只画有 13 格,梯段水平投影长为 260×13＝3380mm。

(6)楼梯间的墙为 200mm;门的编号分别为 M-1、M-4;窗的编号为 C-11。门窗的规格、尺寸详见门窗表。

(7)找到楼梯剖面图在楼梯底层平面图中的剖切位置及投影方向。

2. 楼梯剖面图

(1)由 A—A 剖面图,可在楼梯底层平面图中找到相应的剖切位置和投影方向,比例为 1∶50。

(2)该剖面墙体轴线编号为 K,其轴线尺寸为 14000mm。

(3)该楼梯为室外公共楼梯,只有一层,梯段数和踏步数详见 A—A 剖面图。它是由两个梯段和一个休息平台组成的,尺寸线上的"350×17＝5950"表示每个梯段的踏步宽为 350mm,由 17 级形成;高为 112.5mm;中间休息平台宽为 2100mm。

(4)A—A剖面图的左侧注有每个梯段高"18×112.5＝2025",其中"18"表示踏步数,"112.5"表示踏步高112.5mm,并且标出楼梯平台处的标高为1.575m。

(5)从剖面图中的索引符号可知,扶手、栏板和踏步均从标准图集98ZJ401中选用。

实例2:某培训楼楼梯详图(图5-9～图5-11)

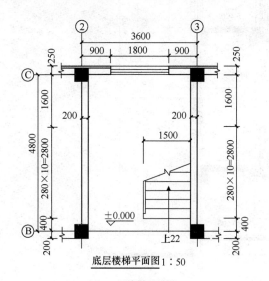

（a）一层楼梯平面图

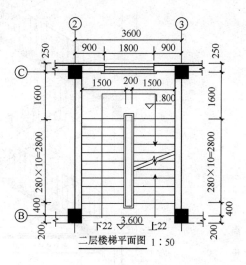

（b）二层楼梯平面图

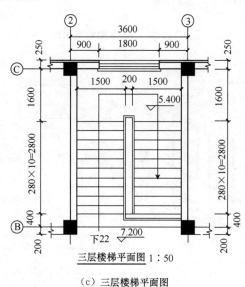

（c）三层楼梯平面图

图5-9　某培训楼楼梯平面图

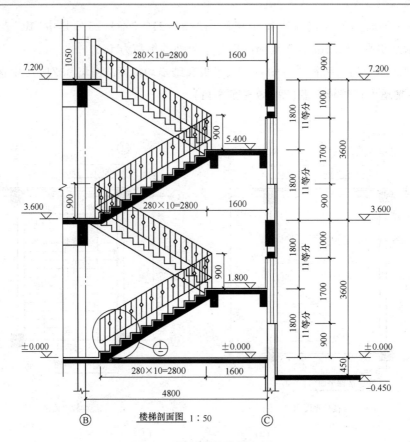

图 5-10　某培训楼楼梯剖面图

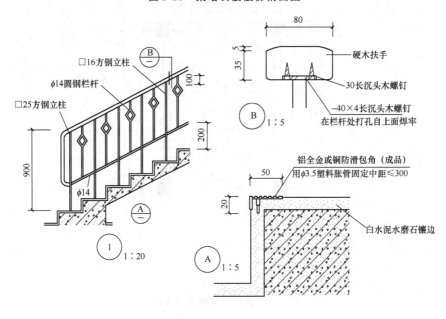

图 5-11　某培训楼楼梯节点详图

1. 楼梯平面图

(1)底层楼梯平面图中有一个可见的梯段及护栏,并注有"上"字箭头。根据定位轴线的编号可从一层平面图中可知楼梯间的位置。从图中标出的楼梯间的轴线尺寸,可知该楼梯间的宽为3600mm,深为4800mm;外墙厚度为250mm,窗洞宽度为1800mm,内墙厚200mm。该楼梯为两跑楼梯,图中注有上行方向的箭头。

(2)"上22"表示由底层楼面到二层楼面的总踏步数为22。

(3)"280×10＝2800"表示该梯段有10个踏面,每个踏面宽280mm,梯段水平投影2800mm。

(4)地面标高±0.000m。

(5)二层平面图中有两个可见的梯段及护栏,因此平面图中既有上行梯段,又有下行梯段。注有"上22"的箭头,表示从二层楼面往上走22级踏步可到达三层楼面;注有"下22"的箭头,表示往下走22级踏步可到达底层楼面。

(6)因梯段最高一级踏面与平台面或楼面重合,因此平面图中每一梯段画出的踏面数比步级数少一格。

(7)由于剖切平面在护栏上方,所以顶层平面图中画有两段完整的梯段和楼梯平台,并只在梯口处标注一个下行的长箭头。下行22级踏步可到达二层楼面。

2. 楼梯剖面图

(1)从图中可知,该楼梯为现浇钢筋混凝土楼梯,双跑式。

(2)从楼层标高和定位轴线间的距离可知,该楼层高3600mm,楼梯间进深为4800mm。

(3)楼梯栏杆端部有索引符号,详图与楼梯剖面图在同一图纸上,详图为1图。被剖梯段的踏步数可从图中直接看出,未剖梯段的踏步级数,未被遮挡也可直接看到,高度尺寸上已标出该段的踏步级数。

(4)如第一梯段的高度尺寸1800,该高度11等分,表示该梯段为11级,每个梯段的踢面高163.64mm,整跑梯段的垂直高度为1800mm。栏杆高度尺寸是从楼面量至扶手顶面,为900mm。

3. 楼梯节点详图

(1)从图中可以知道栏杆的构成材料,其中立柱材料有两种,端部为25×25的方钢,中间立柱为16×16的方钢,栏杆由直径14的圆钢制成。

(2)扶手部位有详图B,台阶部位有详图A,这两个详图均与1详图在同一图纸上。A详图主要说明楼梯踏面为白水泥水磨石镶边,用成品铝合金或铜防滑包角,包角尺寸已给出,包角用直径3.5的塑料胀管固定,两根胀管间距不大于300mm。

(3)B详图主要说明栏杆的扶手的材料为硬木,扶手的尺寸,以及扶手和栏杆连接的方法,栏杆顶部设40×4的通长扁钢,扁钢在栏杆处打孔自上面焊牢。

(4)扶手和栏杆连接方式为用30长沉头木螺钉固定。

实例 3：某宿舍楼楼梯详图（图 5-12～图 5-14）

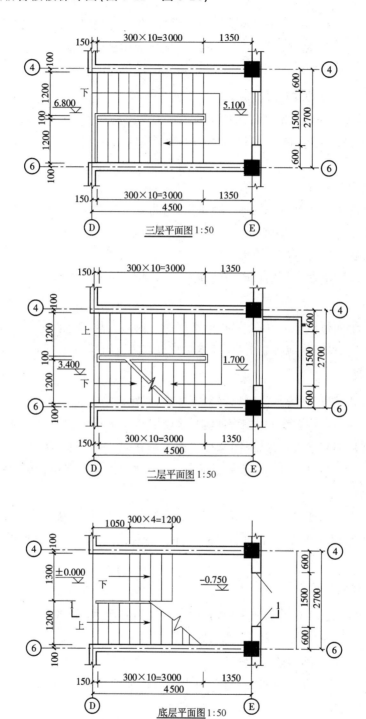

图 5-12　某宿舍楼楼梯平面图

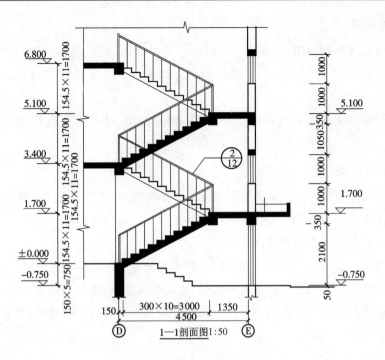

图 5-13　某宿舍楼楼梯剖面图

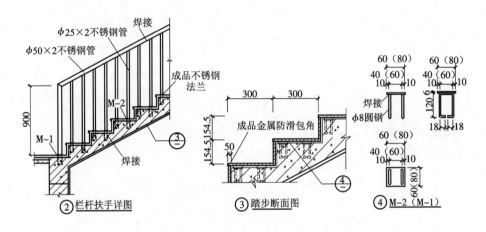

图 5-14　某宿舍楼楼梯踏步、栏杆、扶手详图

1. 楼梯平面图

(1)该宿舍楼楼梯平面图中,楼梯间的开间为 2700mm,进深为 4500mm。

(2)由于楼梯间与室内地面有高差,先上了 5 级台阶。每个梯段的宽度都是 1200mm(底层除外),梯段长度为 3000mm,每个梯段都有 10 个踏面,踏面宽度均为 300mm。

(3)楼梯休息平台的宽度为 1350mm,两个休息平台的高度分别为 1.700m、5.100m。

(4)楼梯间窗户宽为 1500mm。楼梯顶层悬空的一侧,有一段水平的安全栏杆。

2. 楼梯剖面图

(1)该宿舍楼楼梯剖面图中,从底层平面图中可以看出,是从楼梯上行的第一个梯段剖切的。楼梯每层有两个梯段,每一个梯段有 11 级踏步,每级踏步高 1545mm,每个梯段高 1700mm。

(2)楼梯间窗户和窗台高度都为 1000mm。楼梯基础、楼梯梁等构件尺寸应查阅结构施工图。

3. 楼梯节点详图

(1)楼梯的扶手高 900mm,采用直径 50mm、壁厚 2mm 的不锈钢管,楼梯栏杆采用直径 25mm、壁厚 2mm 的不锈钢管,每个踏步上放两根。

(2)扶手和栏杆采用焊接连接。

(3)楼梯踏步的做法一般与楼地面相同。踏步的防滑采用成品金属防滑包角。

(4)楼梯栏杆底部与踏步上的预埋件 M-1、M-2 焊接连接,连接后盖不锈钢法兰。

(5)预埋件详图用三面投影图表示出了预埋件的具体形状、尺寸、做法,括号内表示的是预埋件 M-1 的尺寸。

第二部分　结构施工图识读

第六章

图纸目录与设计说明

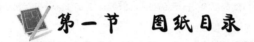

第一节　图纸目录

　　图纸目录是了解建筑设计的整体情况的文件,从目录中我们可以明确图纸数量、出图大小、工程号,还有建筑单位及整个建筑物的主要功能。

　　结构施工图排在建筑施工图之后,看过建筑施工图,脑海中形成建筑物的立体空间模型后,看结构施工图的时候,能更好地理解其结构体系。结构施工图是根据结构设计的结果绘制而成的图样。它是构件制作、安装和指导施工的重要依据。除了建筑施工图外,结构施工图是一整套施工图中的第二部分,它主要表达的是建筑物的承重构件(如基础、承重墙、柱、梁、板、屋架、屋面板等)的布置、形状、尺寸大小、数量、材料、构造及其相互关系。

　　在结构施工图中一般包括:结构设计总说明,基础平面图和基础详图,结构平面图,梁、柱配筋图,楼梯配筋图。

　　施工图纸的编排顺序一般是全局性图纸在前,局部的图纸在后;重要的在前,次要的在后;先施工的在前,后施工的在后。

　　当拿到一套结施图后,首先看到的第一张图便是图纸目录。图纸目录可以帮我们了解图纸的专业类别、总张数、每张图纸的图名、工程名称、建设单位和设计单位等内容,见表 6-1。

表 6-1　某底商住宅楼的结构专业图纸目录

序号	图号	图纸名称	规格	备注
1	结施-01	结构设计总说明	A1	新图

续表

序号	图号	图纸名称	规格	备注
2	结施-02	桩位平面布置图	A1	新图
3	结施-03	基础底板配筋图	A1	新图
4	结施-04	剪力墙构造详图;一层入口平面图	A1	新图
5	结施-05	标高−3.630～−0.030m暗柱平面布置图	A1	新图
6	结施-06	标高−3.630～−0.030m剪力墙暗柱表	A1	新图
7	结施-07	标高−0.030m处连梁平面图	A1	新图
8	结施-08	标高−0.030m处板配筋图	A1	新图
9	结施-09	楼梯平面图、配筋详图	A1	新图
10	结施-10	地下室设备洞口布置图	A1	新图
11	结施-11	标高−0.030～−50.970m暗柱平面布置图	A1	新图
12	结施-12	标高−0.030～−5.970m剪力墙暗柱表	A1	新图
13	结施-13	标高−5.970～−50.970m剪力墙暗柱表	A1	新图
14	结施-14	标高2.970m,5.970m,8.970m,11.970m……50.970m处连梁平面图	A1	新图
15	结施-15	标高2.970m,5.970m,8.970m,11.970m……14.970m,17.970m,23.970m,44.970m处板配筋图	A1	新图
16	结施-16	标高26.970m,29.970m,32.970m,35.970m,38.970m,41.970m,44.970m,47.970m处板配筋图	A1	新图
17	结施-17	标高50.970m处板配筋图	A1	新图
18	结施-18	标高54.000m结构平面图	A1	新图
19	结施-19	屋顶女儿墙平面布置图	A2$^+$	新图
20	结施-20	屋顶造型平面、墙身线角剖面节点、阳台剖面节点详图	A2$^+$	新图

第二节 结构设计总说明

结构设计说明是结构施工图的总说明,主要是文字性的内容。结构施工图中未表示清楚的内容都反映在结构设计说明中。结构设计总说明通常放在图样目录后面或建筑总平面图后面,它的内容根据建筑物的复杂程度有多有少,但一般应包括设计依据、工程概况、工程做法等内容,见表 6-2。

表 6-2 结构设计总说明的内容

项目	内 容
工程概况	一般包括工程的结构体系、抗震设防烈度、荷载取值、结构设计使用年限等内容
设计依据	一般包括国家颁布的建筑结构方面的设计规范、规定、强制性条文、建设单位提供的地质勘察报告等方面的内容
工程做法	一般包括地基与基础工程、主体工程、砌体工程等部位的材料做法等,如混凝土构件的强度等级、保护层厚度;配置的钢筋级别、钢筋的锚固长度和搭接长度;砌块的强度、砌筑砂浆的强度等级、砌体的构造要求等方面的内容

　　凡是直接与工程质量有关而在图样上无法表示的内容,往往在图纸上用文字说明表达出来,这些内容是识读图样必须掌握的,需要认真阅读。表 6-3 为某底商住宅楼的结构设计总说明的一部分。

表 6-3 某底商住宅楼的结构设计总说明

结构设计总说明

1. 工程概况

　　本工程为××底商住宅楼,结构形式为异形框架柱结构,筏板基础,底层地下室层高 3.200m,一层商场层高为 4.500m,二、三层商场层高为 3.800m,标准层层高为 3.300m,塔楼层高为 3.500m。

　　2. 设计依据

　　2.1　国家颁布的现行的规范、规程及标准

　　2.1.1　《建筑结构可靠度设计统一标准》(GB 50068—2001)

　　2.1.2　《建筑工程抗震设防分类标准》(GB 50223—2008)

　　2.1.3　《建筑结构荷载规范》(GB 50009—2001)

　　2.1.4　《建筑抗震设计规范(附条文说明)》(GB 50011—2001)

　　2.1.5　《建筑地基基础设计规范》(GB 50007—2002)

　　2.1.6　《混凝土结构设计规范》(GB 50010—2002)

　　2.1.7　《砌体结构设计规范》(GB 50003—2001)

　　2.1.8　《混凝土异形柱结构技术规程》(JGJ 149—2006)

　　2.2　《××底商住宅楼岩土工程详细勘察报告》

　　2.3　中国建筑科学研究院 PKPMCAD 工程部提供结构计算软件及绘图软件。

　　3. 一般说明

　　3.1　本工程结构的安全等级为二级,结构重要性系数取 1.0,在确保说明要求的材料性能、荷载取值、施工质量及正常使用与维修控制条件下,本工程的结构设计年限为 50 年。

　　3.2　本工程图中尺寸除注明者外,均以 mm 为单位,标高以 m 为单位。

　　3.3　本工程±0.000 为室内地面标高,相对于绝对标高见结施图。

　　3.4　根据《建筑抗震设计规范》附录 A,本工程抗震设防烈度小于 6 度,设计地震分组为第一组(基本地震加速 0.5),场地类别为三类,无液化土层。考虑到承重墙体对结构整体刚度的影响,周期折减系数。

3.5 本工程为丙类建筑,其地震作用及抗震措施均按六度考虑,框架的抗震等级为:框架三级,剪力墙三级。

3.6 建筑物耐久性环境,地上结构为一类,地下为二类。露天环境和厨房、卫生间的环境类别为二类。

4. 可变荷载

基本风压值 0.4kN/m²,基本雪压 0.45kN/m²,阳台、楼梯间 2.5kN/m²,卧室、餐厅 2.0kN/m²,书房 2.0kN/m²,厨房、卫生间 2.0kN/m²,不上人层面 0.7kN/m²,上人层面 2.0kN/m²,客厅、起居室 2.0kN/m²。

5. 地基与基础

5.1 本工程采用地下筏板基础,基础持力层位于第 2 层粉质黏土层上,地基承载力特征值为 160kPa。

5.2 基坑开挖时应根据现场场地情况由施工方确定基坑支护方案。

5.3 施工时应采用必要的降水措施,确保水位降至基底下 500mm 处,降水作业应持续至基础施工完成。

6. 材料(图中注明者除外)

6.1 凝土强度等级(如下表)。

结构部分	强度等级	备注
基础垫层	C15	抗渗等级 S6
地下室墙、基础板	C30	
柱标高 15.180m 以下	C30	
柱标高 15.180m 以上	C25	
所有现浇板、框架梁	C25	

6.2 钢材钢筋采用:HPB300－φ 焊条 E43××级,HRB335－φE50××级,HRB400－φE50××级。

6.3 油漆:凡外露钢构件必须在除锈后涂防腐漆、面漆各两道,并经常注意维护。

6.4 砌体:按质量控制 B 级,施工方法及要求参见省标 97YJ406。

7. 构造要求

7.1 混凝土保护层(mm):纵向受力钢筋的混凝土保护层厚度除符合下表规定外,不应小于钢筋的公称直径。

地下室外墙外侧	30
地下室外墙内侧	20
基础底板、梁下部	40
基础底板、梁上部	30
框架柱	30
楼面梁	25
楼板、楼梯板混凝土墙	15

注:梁板预埋管的混凝土保护层厚度大于或等于 30,板墙中分布钢筋保护层厚度大于或等于 10,柱、梁中箍筋和构造钢筋的保护层厚度不应小于 15。

7.2　纵向受拉钢筋的锚固长度 L_{aE}，详见 03G101-1 中 34 页表，纵向受压钢筋锚固长度应乘以修正系数 0.7 且应大于或等于 250。

7.3　钢筋的最小搭接长度 L_{LE} 应满足国家有关规定的要求。

8.门窗、楼梯、栏杆等预埋件详见结施图。

9.施工要求：本工程施工时，除应遵守本说明及各设计图纸说明外，还应严格执行国家标准《混凝土结构工程质量验收规范》(GB 50204—2002)。

10.应结合各专业图纸预留孔洞，洞口尺寸及位置需由各专业工种核对无误后方可浇筑混凝土。沉降观测：本工程应在施工及使用过程中进行沉降观测，观测点的位置、埋设、保护，请施工与使用单位配合。

11.采用标准图集：混凝土结构施工图平面整体表示方法制图规则和构造详图(03G101-1)，钢筋混凝土过梁(02YG301)，砌体结构构造详图(02YG001—1)。

12.基础梁平面表示法参见 04G101—3。

第七章

钢结构施工图识读

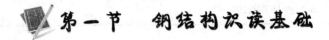

第一节 钢结构识读基础

一、钢结构常用钢材

1. 碳素结构钢

(1)碳素结构钢是最普通的工程用钢。按国家标准《碳素结构钢》(GB/T 700—2006),碳素结构钢分为 5 个牌号,即 Q195、Q215、Q235、Q255、Q275。一般焊接结构优先选用 Q235 钢。

(2)碳素结构钢的牌号由代表屈服点的字母、屈服强度值、质量等级符号、脱氧方法符号等 4 个部分按顺序组成。

例如:Q235AF

Q——钢材屈服点"屈"字汉语拼音首位字母;

235——屈服强度数值,单位 MPa;

A、B、C、D——分别为质量等级;

F——沸腾钢"沸"字汉语拼音首位字母;

Z——镇静钢"镇"字汉语拼音首位字母;

TZ——特殊镇静钢"特镇"两字汉语拼音首位字母。

在牌号组成表示方法中,"Z"与"TZ"符号予以省略。

(3)钢材应成批验收。

每批由同一牌号、同一炉号、同一质量等级、同一品种、同一尺寸、同一交货状态的钢材组成。每批重量不得大于 60t。

公称容量比较小的炼钢炉冶炼的钢轧成的钢材,同一冶炼、浇注和脱氧方法、不同炉号、同一牌号的 A 级钢或 B 级钢,允许组成混合批,但每批各炉号含碳量之差不得大于 0.02%,含锰量之差不得大于 0.15%。

2. 低合金高强度结构钢

(1)低合金高强度结构钢牌号表示方法。

低合金高强度结构钢的牌号由代表屈服强度的汉语拼音字母、屈服强度数值、质量等级符号三个部分组成。

例如:Q345D

Q——钢的屈服强度的"屈"字汉语拼音的首位字母;

345——屈服强度数值,单位 MPa;

D——质量等级为 D 级。

当需方要求钢板具有厚度方向性能时,则在上述规定的牌号后加上代表厚度方向(Z 向)性能级别的符号,例如:Q345DZ15。

(2)当需要加入细化晶粒元素时,钢中应至少含有 Al、Nb、V、Ti 中的一种。加入的细化晶粒元素应在质量证明书中注明含量。

当采用全铝(Al)含量表示时,Al 应不小于 0.020%。

钢中氮元素,如供方保证,可不进行氮元素含量分析。如果钢中加入 Al、Nb、V、Ti 等具有固氮作用的合金元素,氮元素含量不作限制,固氮元素含量应在质量证明书中注明。

各牌号的 Cr、Ni、Cu 作为残余元素时,其含量各不大于 0.30%,如供方保证,可不作分析;当需要加入时,其含量由供需双方协议规定。

为改善钢的性能,可加入 RE 元素,其加入量按钢水重量的 0.02%~0.20% 计算。

在保证钢材力学性能符合标准规定的情况下,各牌号 A 级钢的 C、Si、Mn 化学成分可不作交货条件。

(3)钢材应成批验收。

每批由同一牌号、同一质量等级、同一炉罐号、同一规格、同一轧制制度或同一热处理制度的钢材组成。每批钢材重量不得大于 60t。

A 级钢或 B 级钢允许同一牌号、同一质量等级、同一冶炼和浇注方法的不同炉罐号组成混合批,但每批不得多于 6 个炉罐号,且各炉罐号碳含量之差不得大于 0.02%,锰含量之差不得大于 0.15%。

二、钢结构的结构形式

1. 工业厂房常用的结构形式

工业厂房是由一系列的平面承重结构通过支撑构件联结而成的空间整体。

这种结构形式的特点是:外荷载主要由平面承重结构承担,纵向水平荷载由支撑承受和传递。而常见的平面承重结构有横梁与柱刚接的门式刚架和横梁与柱铰接的排架等。

2. 大跨度房屋的结构形式

(1)网架结构

主要有平板网架、网壳、球状网壳等,这种结构形式目前已经在单层工业房屋中广泛应用。

(2)空间桁(刚)架结构

空间桁架或空间刚架体系,常用的管桁架结构就属于空间桁架体系,如图 7-1 所示。

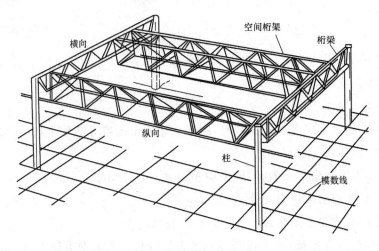

图 7-1　空间桁架结构体系

（3）悬索结构

悬索结构形式多种多样,如图 7-2(a)所示为预应力鞍形索网体系,图 7-2(b)为伞形索网体系。

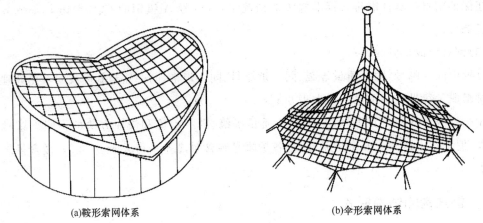

(a)鞍形索网体系　　　　　　(b)伞形索网体系

图 7-2　悬索结构

（4）张拉集成结构

张拉集成结构是指少数间断受压构件与一组连续的受拉单元组成的由预应力提供刚度并自支承、自平衡的空间结构体系。此种结构形式可以跨越较大空间,是目前空间结构中跨度最大的结构,具有极佳的经济指标。

（5）索膜结构

索膜结构由索和膜组成,自重轻,体形灵活多样,多用于大跨度公共建筑。

3. 多层、高层及超高层建筑结构形式

（1）框架结构

梁和柱刚性连接形成多层多跨框架，如图 7-3（a）所示，用以承受竖向和水平荷载。在一般的多层钢结构民用建筑中采用的较多，它的构造组成与普通的钢筋混凝土刚架结构相似，只是发生了材料的变化。

（2）框架-支撑结构

由框架和支撑体系（包括抗剪桁架、剪力墙和核心筒）组成。如图 7-3（b）所示为框架-抗剪桁架结构。由于钢材的轻质高强，使得钢结构体系的整体刚度较小，从而结构体系和局部构件的水平位移较大。为了控制较大的水平位移，在钢框架结构体系中往往需要增加支撑体系，尤其是在一些钢结构的高层建筑中。

（3）框筒、筒中筒、束筒等筒体结构

如图 7-3（c）所示为束筒结构形式。在高层和超高层建筑中，由于建筑物高度的增加，导致建筑物承担的水平荷载增大，从而加大了整个结构体系的水平位移。又因为束筒结构体系的自身刚度较小，因此常采用筒体结构来抵抗较大的水平力。筒体的常用作法为钢筋混凝土筒体，在钢结构中还可以采用密布钢柱形成筒体。

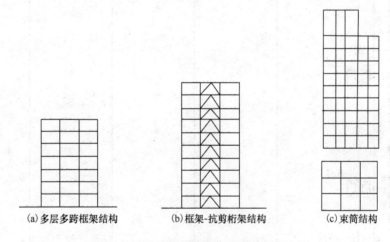

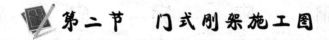

（a）多层多跨框架结构　　　　（b）框架-抗剪桁架结构　　　　（c）束筒结构

图 7-3　多层、高层及超高层建筑结构形式

第二节　门式刚架施工图

一、基础平面图及详图

1. 表达内容

基础平面布置图主要通过平面图的形式，反映建筑物基础的平面位置关系和平面尺寸。

对于轻钢门式刚架结构,在较好的地质情况下,基础形式一般采用柱下独立基础。

在平面布置图中,一般标注有基础的类型和平面的相关尺寸,如果需要设置拉梁,也一并在基础平面布置图中标出。

由于门式刚架的结构单一,柱脚类型较少,相应基础的类型也不多,所以往往把基础详图和基础平面布置图放在一张图纸上(如果基础类型较多,可考虑将基础详图单列一张图纸)。

基础详图往往采用水平局部剖面图和竖向剖面图来表达,图中主要标明各种类型基础的平面尺寸和基础的竖向尺寸,以及基础中的配筋情况等。

2. 识读举例

实例:某轻钢门式刚架厂房结构基础平面图及详图(图 7-4)

(1)识读基础平面布置图可知,该建筑物的基础为柱下独立基础,共有两种类型,分别为 JC-1 和 JC-2,图中显示出的 JC-1 共 12 个,JC-2 共 2 个。

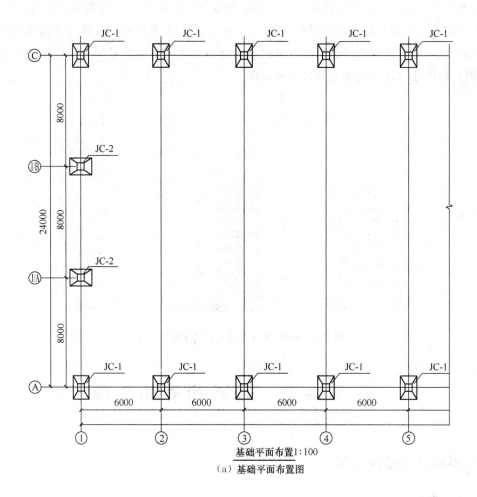

(a)基础平面布置图

图 7-4　某轻钢门式刚架厂房结构基础平面图及详图

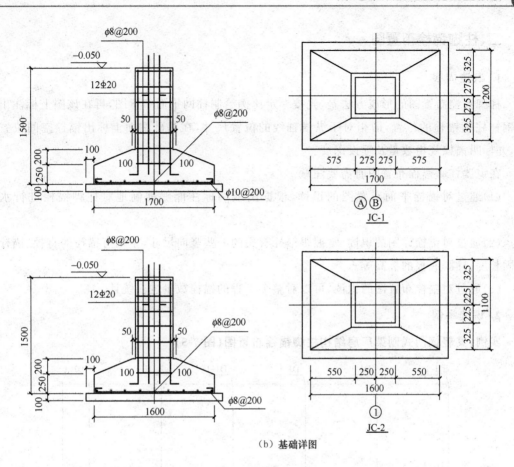

（b）基础详图

图 7-4　某轻钢门式刚架厂房结构基础平面图及详图（续）

（2）识读基础详图可知，JC-1 的基底尺寸为 1700mm×1200mm，基础底部的分布筋为直径 8mm 的 HPB300 级钢筋，受力筋为直径 10mm 的 HPB300 级钢筋，间距均为 200mm。基础上短柱的平面尺寸为 550mm×550mm，短柱的纵筋为 12 根直径为 20mm 的 HRB335 级钢筋，箍筋为直径 8mm，间距 200mm 的 HPB300 级钢筋。

（3）识读基础详图可知，JC-2 的基底尺寸为 1600mm×1100mm，基础底部的分布筋为直径 8mm 的 HPB300 级钢筋，受力筋为直径 8mm 的 HPB300 级钢筋，间距均为 200mm。基础上短柱的平面尺寸为 500mm×450mm，短柱的纵筋为 12 根直径为 20mm 的 HRB335 级钢筋，箍筋为直径 8mm，间距 200mm 的 HPB300 级钢筋。

（4）从详图可知，该基础下部设有 100mm 厚的垫层，基础的底部标高为−1.550m。

注意：识读基础平面布置图及其详图时，需要注意图中写出的施工说明，这往往是图中不方便表达的或没有具体表达的部分，因此读图者一定要特别注意。另外，需要注意观察每一个基础与定位轴线的相对位置关系，此处最好一起看一下柱子与定位轴线的关系，从而确定柱子与基础的位置关系，以保证安装的准确性。

二、柱脚锚栓布置图

1. 表达内容

柱脚锚栓布置图的形成方法是,先按一定比例绘制柱网平面布置图,再在该图上标注出各个钢柱柱脚锚栓的位置,即相对于纵横轴线的位置尺寸,在基础剖面上标出锚栓空间位置高程,并标明锚栓规格数量及埋设深度。

在识读柱脚锚栓布置图时需要注意:

(1)通过对锚栓平面布置图的识读,根据图纸的标注能够准确地对柱脚锚栓进行水平定位。

(2)通过对锚栓详图的识读,掌握跟锚栓有关的一些竖向尺寸,主要有锚栓的直径、锚栓的锚固长度、柱脚底板的标高等。

(3)通过对锚栓布置图的识读,可以对整个工程的锚栓数量进行统计。

2. 识读举例

实例:某轻钢门式刚架厂房结构柱脚锚栓布置图(图7-5)

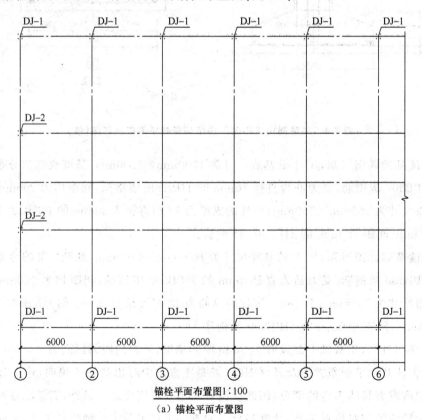

锚栓平面布置图1:100

(a)锚栓平面布置图

图7-5 某轻钢门式刚架厂房结构柱脚锚栓布置图

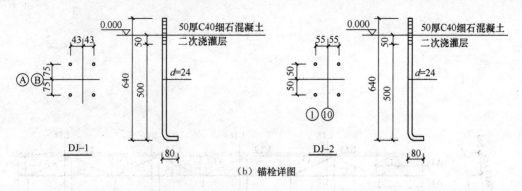

（b）锚栓详图

图 7-5 某轻钢门式刚架厂房结构柱脚锚栓布置图（续）

（1）从锚栓平面布置图中可知，共有两种柱脚锚栓形式，分别为刚架柱下的 DJ-1 和抗风柱下的 DJ-2，并且两者的方向是相互垂直的。另外还可以看到纵向轴线和横向轴线都恰好穿过柱脚锚栓群的中心位置，且每个柱脚下都是 4 个锚栓。

（2）从锚栓详图中可以看到 DJ-1 和 DJ-2 所用锚栓均为直径 24mm 的锚栓，锚栓的锚固长度都是从二次浇灌层底面以下 500mm，柱脚底板的标高为±0.000。

（3）DJ-1 的锚栓间距沿横向轴线为 150mm，沿纵向定位轴线的距离为 86mm，DJ-2 的锚栓间距沿横向轴线为 100mm，沿纵向定位轴线的距离为 110mm。

三、檩条布置图

1. 表达内容

檩条布置图主要包括：屋面檩条布置图和墙面檩条（墙梁）布置图。

屋面檩条布置图主要表明檩条间距和编号以及檩条之间设置的直拉条、斜拉条布置和编号，另外还有隔撑的布置和编号。

墙面檩条布置图，往往按墙面所在轴线分类绘制，每个墙面的檩条布置图的内容与屋面檩条布置图内容相似。

2. 识读举例

实例：某轻钢门式刚架厂房结构檩条布置图（图 7-6）

（1）图中檩条采用 LT-X（X 为编号）表示，直拉条和斜拉条都采用 AT-X（X 为编号）表示，隔撑采用 YC-X（X 为编号）表示，这也是较为通用的一种做法。

（2）要清楚每种檩条的所在位置和截面做法，檩条的位置主要根据檩条布置图上标注的间距尺寸和轴线来判断，尤其要注意墙面檩条布置图，由于门窗的开设使得墙梁的间距很不规则，至于截面可以根据编号到材料表中查询。

（3）结合详图弄清檩条与刚架的连接构造、檩条与拉条连接构造、隔撑的做法等内容。

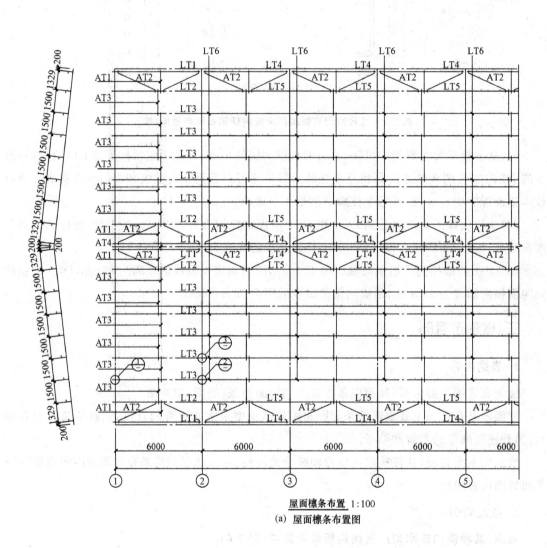

屋面檩条布置 1:100

(a) 屋面檩条布置图

图 7-6 某轻钢门式刚架厂房结构檩条布置图

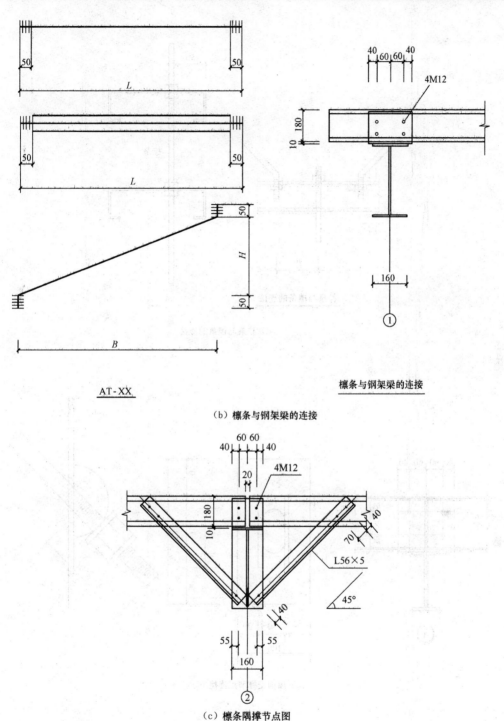

（b）檩条与钢架梁的连接

（c）檩条隔撑节点图

图 7-6　某轻钢门式刚架厂房结构檩条布置图（续）

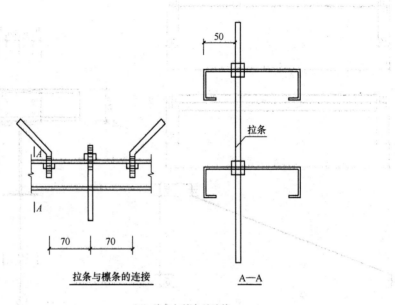

拉条

拉条与檩条的连接

A—A

（d）拉条与檩条的连接

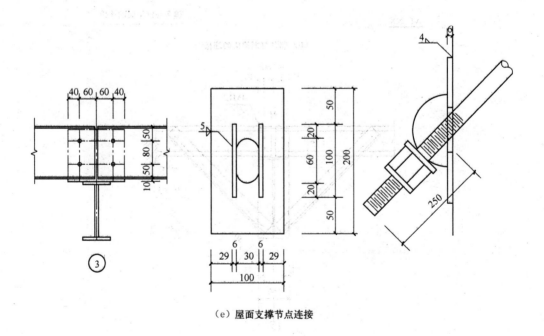

（e）屋面支撑节点连接

图7-6 某轻钢门式刚架厂房结构檩条布置图(续)

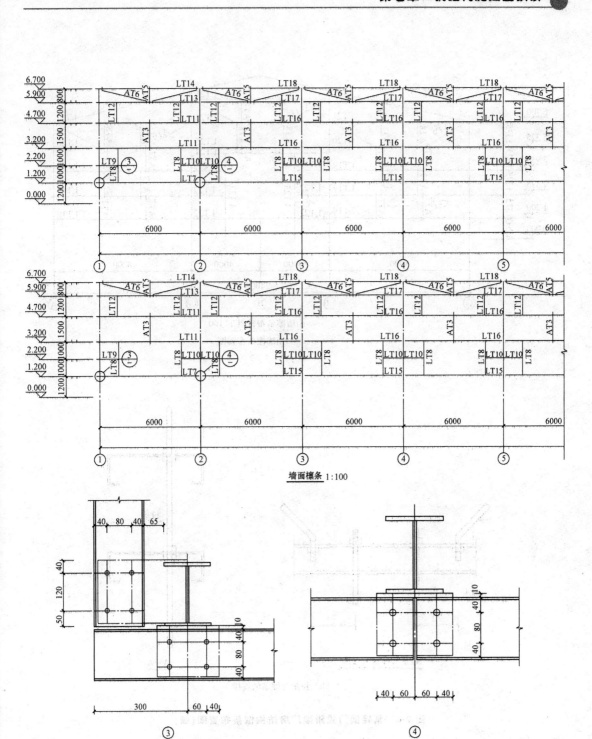

墙面檩条 1:100

(f) 墙面檩条布置图

图7-6　某轻钢门式刚架厂房结构檩条布置图(续)

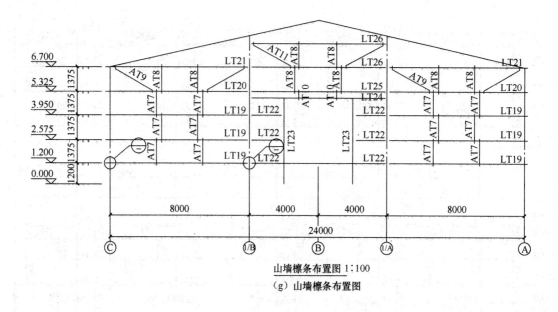

山墙檩条布置图 1:100

（g）山墙檩条布置图

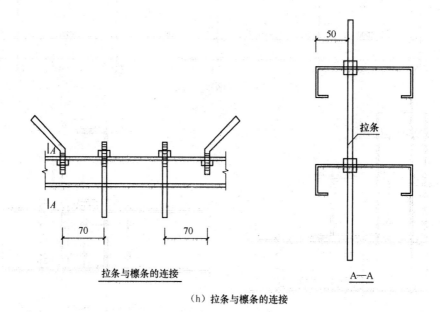

拉条与檩条的连接

（h）拉条与檩条的连接

图 7-6　某轻钢门式刚架厂房结构檩条布置图（续）

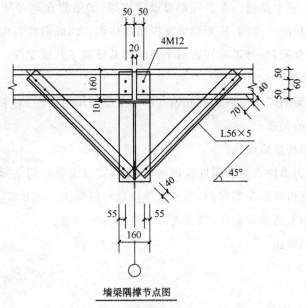

墙梁隅撑节点图

（i）墙梁隅撑节点图

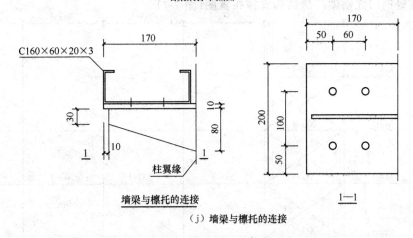

墙梁与檩托的连接

（j）墙梁与檩托的连接

图 7-6　某轻钢门式刚架厂房结构檩条布置图（续）

四、支撑布置图

1. 表达内容

支撑布置图包括屋面支撑布置图和柱间支撑布置图。屋面支撑布置图主要表示屋面水平支撑体系的布置和系杆的布置；柱间支撑布置图主要采用纵剖面来表示柱间支撑的具体安装位置。另外，往往还配合详图共同表达支撑的具体做法和安装方法。

读图需要读出以下信息：

（1）明确支撑的所处位置和数量

门式刚架结构中,并不是每一个开间都要设置支撑,如果要在某开间内设置,往往将屋面支撑和柱间支撑设置在同一开间,从而形成支撑桁架体系。因此需要首先从图中明确,支撑系统到底设在了哪几个开间,另外需要知道每个开间内共设置了几道支撑。

(2)明确支撑的起始位置

对于柱间支撑需要明确支撑底部的起始高程和上部的结束高程;对于屋面支撑,则需要明确其起始位置与轴线的关系。

(3)支撑的选材和构造做法

支撑系统主要分为柔性支撑和刚性支撑两类,柔性支撑主要指的是圆钢截面,它只能承受拉力;而刚性支撑主要指的是角钢截面,既可以受拉也可以受压。此处可以根据详图来确定支撑截面,以及它与主刚架的连接做法,以及支撑本身的特殊构造。

(4)系杆的位置和截面

明确系杆的位置和截面。

2. 识读举例

实例:某轻钢门式刚架厂房结构支撑布置图(图7-7)

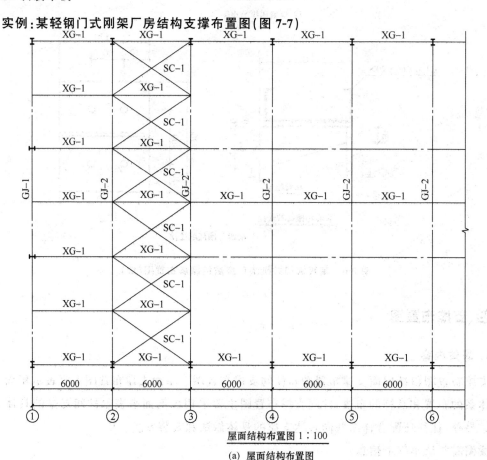

屋面结构布置图 1:100

(a) 屋面结构布置图

图7-7 某轻钢门式刚架厂房结构支撑布置图

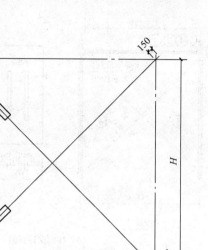

SC-1(B=6000,H=3417)

（b）屋面支撑详图

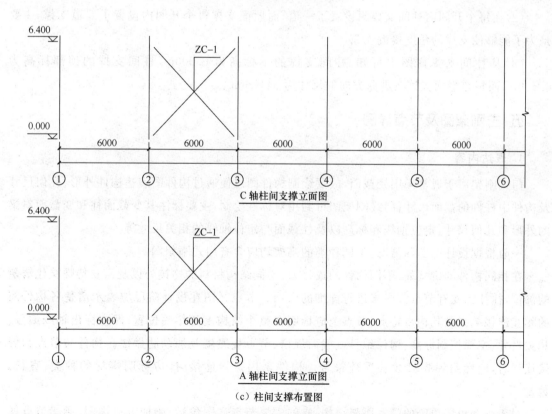

C轴柱间支撑立面图

A轴柱间支撑立面图

（c）柱间支撑布置图

图7-7 某轻钢门式刚架厂房结构支撑布置图（续）

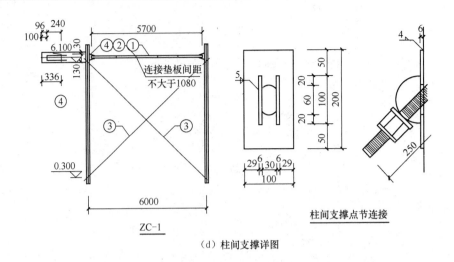

（d）柱间支撑详图

图 7-7　某轻钢门式刚架厂房结构支撑布置图(续)

（1）从图中可知,屋面支撑(SC-1)和柱间支撑(ZC-1)均设置在第二个开间,即②～③轴线间。

（2）在每个开间内柱间支撑只设置了一道,而屋面支撑每个开间内设置了 6 道支撑,主要是为了能够使支撑的角度接近 45°。

（3）从柱间支撑详图中可知,柱间支撑的下标高为 0.300m,柱间支撑的顶部标高为 6.400m,而每道屋面支撑在进深方向的尺寸为 3417mm。

五、主刚架图及节点详图

1. 表达内容

门式刚架由于通常采用变截面,故要绘制构件图以便通过构件图表达构件外形、几何尺寸及构件中杆件的截面尺寸;门式刚架图可利用对称性绘制,主要标注其变截面柱和变截面斜梁的外形和几何尺寸、定位轴线和标高以及柱截面与定位轴线的相关尺寸等。

一般根据设计的实际情况,不同种类的刚架均应含有门式刚架图。

在相同构件的拼接处、不同构件的连接处、不同结构材料的连接处以及需要特殊交代清楚的部位,往往需要有节点详图来进行详细的说明。节点详图在设计阶段应表示清楚各构件间的相互连接关系及其构造特点,节点上应标明在整个结构上的相关位置,即应标出轴线编号、相关尺寸、主要控制标高、构件编号或截面规格、节点板厚度及加劲肋做法。构件与节点板焊接连接时,应标明焊脚尺寸及焊缝符号。构件采用螺栓连接时,应标明螺栓的种类、直径、数量。

对于一个单层单跨的门式刚架结构,它的主要节点详图包括:梁柱节点详图、梁梁节点详图、屋脊节点详图以及柱脚详图等。

在识读详图时,首先明确详图所在结构的相关位置,方法如下:

（1）根据详图上所标的轴线和尺寸进行位置的判断。

（2）利用前面讲过的索引符号和详图符号的对应性来判断详图的位置。

明确位置后，接着要弄清图中所画构件是什么构件，它的截面尺寸是多少。

然后要清楚为了实现连接需加设哪些连接板件或加劲板件。

最后再了解构件之间的连接方法。

2. 识读举例

实例：某轻钢门式刚架厂房结构主刚架图及节点详图（图7-8）

（1）主刚架图中，通过详图符号和索引符号的对应关系可以找到：①号节点详图是主刚架图中左侧梁梁节点的详图，那么由此可以进一步明确①号节点详图中所画的两个主要构件都是刚架梁，梁截面为∟450×550×160×6×10。

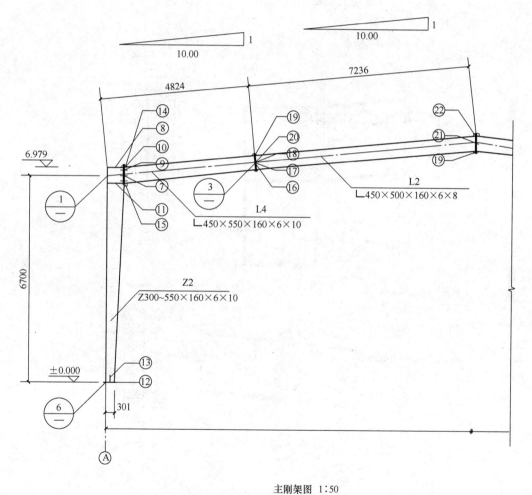

主刚架图 1:50

（a）主刚架图

图 7-8 某轻钢门式刚架厂房结构主刚架图及节点详图

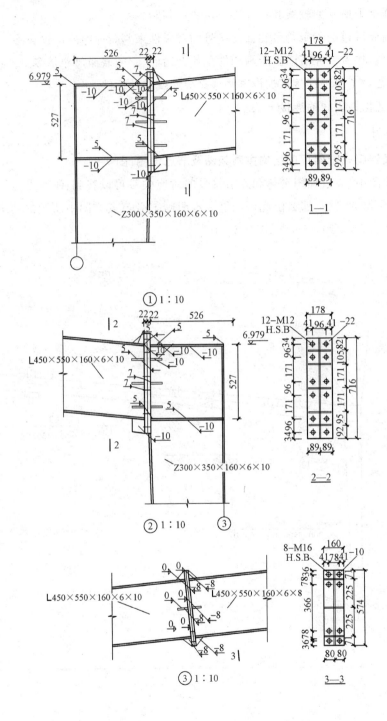

(b)节点详图

图 7-8　某轻钢门式刚架厂房结构主刚架图及节点详图(续)

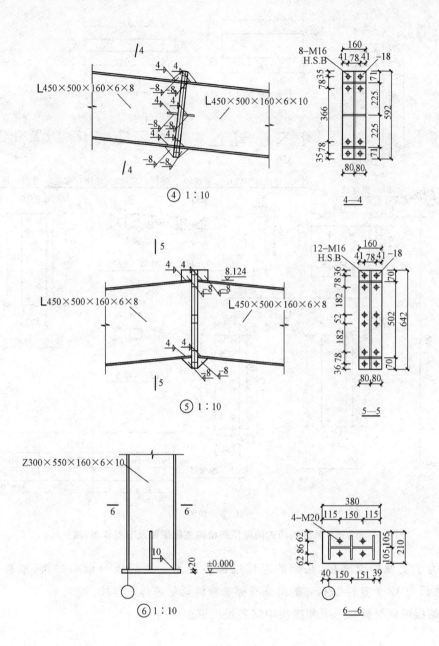

（b）节点详图

图7-8　某轻钢门式刚架厂房结构主刚架图及节点详图（续）

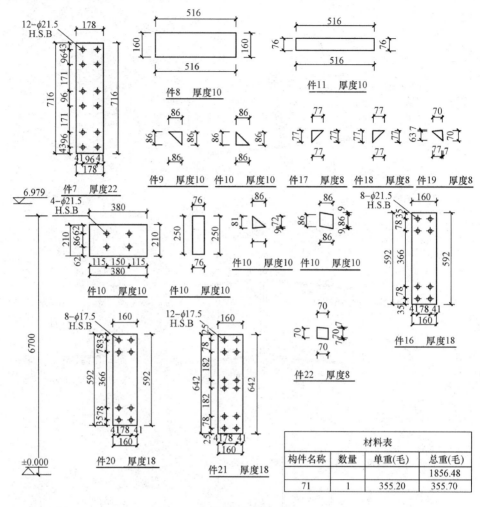

材料表			
构件名称	数量	单重(毛)	总重(毛)
			1856.48
71	1	355.20	355.70

（b）节点详图

图 7-8　某轻钢门式刚架厂房结构主刚架图及节点详图（续）

（2）为了实现梁梁刚接，在梁的连接端部各用了一块端板与梁端焊接，端板的厚度为 22mm，然后用 12 个直径 12mm 的高强摩擦螺栓将梁梁进行了连接。

（3）端板两侧梁翼缘上下和腹板中间各设三道加劲肋。

第三节　钢网架结构施工图

一、网架平面布置图

1. 表达内容

网架平面布置图主要是用来对网架的主要构件（支座、节点球、杆件）进行定位的，一般还配合纵、横两个方向剖面图共同表达。支座的布置往往还需要有预埋件布置图配合。

节点球的定位主要还是通过两个方向的剖面图控制的。一般应首先明确平面图中哪些属于上弦节点球,哪些是下弦节点球,然后再按排、列或者定位轴线逐一进行位置的确定。

通过平面图和剖面图的联合识读可以判断,平面图中在实线交点上的球均为上弦节点球,而在虚线交点上的球为下弦节点球;每个节点球的位置可以由两个方向的尺寸共同确定。

2. 识读举例

实例:某钢结构网架平面布置图(图7-9)

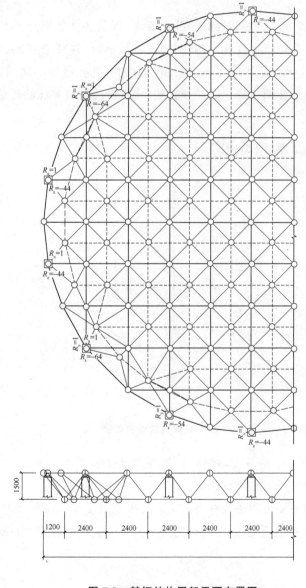

图7-9 某钢结构网架平面布置图

（1）图中最下方的一个支座上（该支座内力为 $R_y = 1$，$R_z = -44$）的节点球，由于它处于实线的交点上，因此它属于上弦节点球，它的平面位置：东西方向可以从平面图下方的剖面图中读出，处于距最西边 12m 的位置；南北方向可以从图中看出，处于最南边的位置。

（2）图中还可以看出网架的类型为正方四角锥双层平板网架、网架的矢高为 1.5m（由剖面图可以读出）以及每个网架支座的内力。

二、球加工图

1. 表达内容

球加工图主要表达各种类型的螺栓球的开孔要求，以及各孔的螺栓直径等。由于螺栓球是一个立体造型复杂、开孔位置多样化的构件，因此在绘制时，往往选择能够尽量多地反映出开孔情况的球面进行投影绘制，然后将图上绘制出来的各孔孔径中心之间的角度标注出来。图名以构件编号命名，另外注明该球总共的开孔数、球直径和该编号球的数量。

2. 识读举例

实例：某钢结构球加工图（图 7-10）

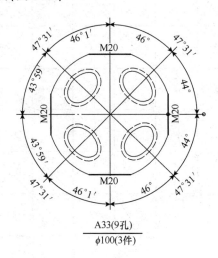

图 7-10　某钢结构球加工图

（1）图中所示为编号 A33 的节点球的加工图，此类型的球共有 3 个。

（2）该球共 9 个孔，球直径为 100mm。

注意：该图纸的作用主要是用来校核由加工厂运来的螺栓球的编号是否与图纸一致，以免在安装过程中出现错误，重新返工，这个问题尤其在高空散装法的初期要特别注意。

三、网架安装图

1. 表达内容

网架安装图主要对各杆件和节点球上按次序进行编号,编号原则如下:

节点球的编号一般用大写英文字母开头,后边跟一个阿拉伯数字,标注在节点球内。一般图中节点球的编号有几种大写字母开头,表明有几种球径的球,即开头字母不同的球的直径是不同的;即使直径相同的球,由于所处位置不同,球上开孔数量和位置也不尽相同,因此在用字母后边的数字来表示不同的编号。这样一来,就可以从图中分析出本图中螺栓球的种类,以及每一种螺栓球的个数和它所处的位置。

杆件的编号一般采用阿拉伯数字开头,后边跟一个大写英文字母或什么都不跟,标注在杆件的上方或左侧。一般图中杆件的编号有几种数字开头,表明有几种横断面不同的杆件;另外,对于同种断面尺寸的杆件其长度未必相同,因此在数字后加上字母以区别杆件类型的不同。由此就可以得知图中杆件的类型数、每个类型杆件的具体数量,以及它们分别位于何位置。

2. 识读举例

实例:某钢结构网架安装图(图 7-11)

(1)图中共有 3 种球径的螺栓球,分别用 A、B、C 表示,其中 A 类球、B 类球、C 类球又分成了不同类型。

(2)共有 3 种断面的杆件,分别为 1、2、3,其中每一种断面类型的杆件根据其长度不同又分为不同种类。

注意:这张图对于初学者最大的难点在于如何来判断哪些是上层的节点球,哪些是下层的节点球,哪些是上弦杆,哪些是下弦杆。这里需要特别强调一种识图的方法,那就是把两张图纸或多张图纸对应起来看。这也是初学者经常容易忽视的一种方法。对于这张图要想搞清上面所说的问题,就必须采用这一方法。为了弄清楚各种编号的杆件和球的准确位置,就必须与"网架平面布置图"结合起来看。在平面布置图中粗实线一般表示上弦杆,细实线一般表达腹杆,而下弦杆则用虚线来表达,与上弦杆连接在一起的球自然就是上层的球,而与下弦杆连在一起的球则为下层的球。而网架平面布置图中的构件和网架安装图的构件又是一一对应的,为了施工的方便可以考虑将安装图上的构件编号直接在平面布置图上标出,这样一来就可以做到一目了然了。

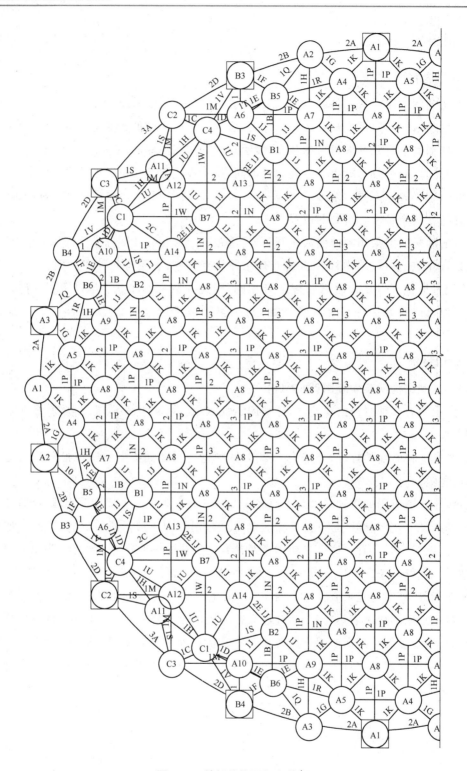

图 7-11　某钢结构网架安装图

四、支座详图

1. 表达内容

支座详图和支托详图都是来表达局部辅助构件的大样详图,虽然两张图表达的是两个不同的构件,但从制图或者识图的角度来讲是相同的。

这种图的识读顺序一般都是先看整个构件的立面图,掌握组成这个构件的各零件的相对位置关系,例如支座详图中,通过立面可以知道螺栓球、十字板和底板之间的相对位置关系;然后根据立面图中的断面符号找到相应的断面图,进一步明确各零件之间在平面上的位置关系和连接做法;最后,根据立面图中的板件编号(带圆圈的数字)查明组成这一构件的每一种板件的具体尺寸和形状。

另外,还需要仔细阅读图纸中的说明,可以进一步帮助大家更好地明确该详图。

2. 识读举例

实例:某钢结构支座详图(图 7-12)

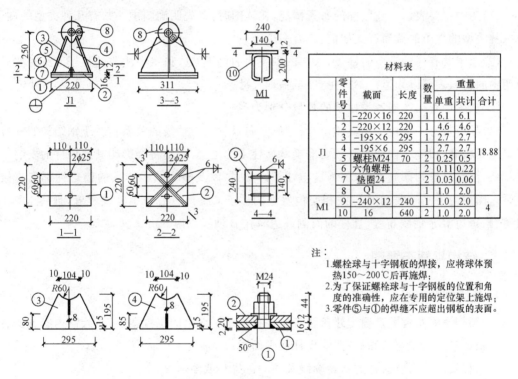

材料表						
零件号	截面	长度	数量	重量		
				单重	共计	合计
J1	1	−220×16	220	1	6.1	6.1	
	2	−220×12	220	1	4.6	4.6	
	3	−195×6	295	1	2.7	2.7	
	4	−195×6	295	1	2.7	2.7	18.88
	5	螺柱M24	70	2	0.25	0.5	
	6	六角螺母		2	0.11	0.22	
	7	垫圈24		2	0.03	0.06	
	8	Q1		1	1.0	1.0	
M1	9	−240×12	240	1	1.0	2.0	4
	10	16	640	2	1.0	2.0	

注:
1.螺栓球与十字钢板的焊接,应将球体预热150～200℃后再施焊;
2.为了保证螺栓球与十字钢板的位置和角度的准确性,应在专用的定位架上施焊;
3.零件⑤与①的焊缝不应超出钢板的表面。

图 7-12 某钢结构支座详图

(1)从 J1 立面图可以看出,共有①～⑧种零件,具体尺寸见材料表。还有一个详图符号,即详图①。

(2)看清楚剖切符号的剖切位置,然后与各个剖面图对应识读。

（3）通过识读图中注解，可知施焊的预热温度、施焊要求等内容。

第四节 钢框架结构施工图

一、底层柱子平面布置图

1. 表达内容

柱子平面布置图是反映结构柱在建筑平面中的位置，用粗实线反映柱子的截面形式，根据柱子断面尺寸的不同，给柱进行不同的编号，并且标出柱子断面中心线与轴线的关系尺寸，给柱子定位。对于柱截面中板件尺寸选用往往另外用列表方式表示。

2. 识读举例

实例：某钢结构底层柱子平面布置图（图 7-13）

（1）图中主要表达了底层柱的布置情况，在读图时，首先明确图中一共有几种类型的柱子，每一种类型的柱子的截面形式如何，各有多少个。

（2）图中共有两种类型的柱子，未在图中注明的柱子 C1，和图中注明的柱子 C2；对照设计说明中的材料表可以知道柱 C1、柱 C2 的截面尺寸。

（3）从图中查出本层各类柱子的数量分别为多少个。

（4）弄清楚每一个柱子的具体位置、摆放方向以及它与轴线的关系。对于钢结构的安装尺寸必须要精确，因此在识读时必须要准确掌握柱子的位置，否则将会影响其他构件的安装。

（5）注意柱子的摆放方向，因为这与柱子的受力，以及整个结构体系的稳定性都有直接的关系。图中位于 1 轴线和 B 轴线相交位置处的柱子 C2，长边沿着 1 轴线放置，且柱中与 1 轴线重合，短边沿 B 轴线布置，且柱的南侧外边缘在 B 轴线以南 50mm。

二、结构平面布置图

1. 表达内容

（1）结构平面布置图是确定建筑物各构件在建筑平面上的位置图，具体绘制内容主要有：

1）根据建筑物的宽度和长度，绘出柱网平面图；

2）用粗实线绘出建筑物的外轮廓线及柱的位置和截面示意；

3）用粗实线绘出梁及各构件的平面位置，并标注构件定位尺寸；

4）在平面图的适当位置处标注所需的剖面，以反映结构楼板、梁等不同构件的竖向标高关系；

5）在平面图上对梁构件编号；

6）表示出楼梯间、结构留洞等的位置。对于结构平面布置图的绘制数量，与确定绘制建筑

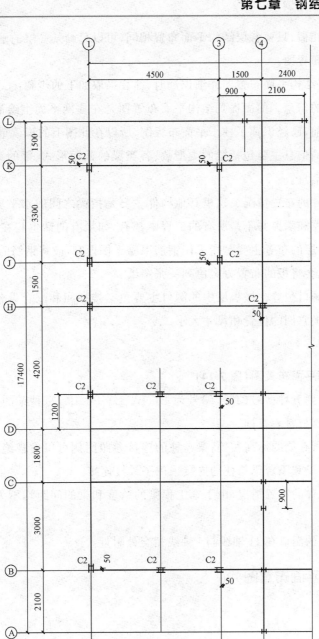

说明：
1.未注明柱为C1；
2.除注明外，梁柱轴线均为轴线对中。

图 7-13　某钢结构底层柱子平面布置图

平面图的数量原则相似,只要各层结构平面布置相同,可以只画某一层的平面布置图来表达相同各层的结构平面布置图。

(2)在对某一层结构平面布置图详细识读时,往往采取如下的步骤:

1)明确本层梁的信息。前面提到结构平面布置图是在柱网平面上绘制出来的,而在识读结构平面布置图之前,已经识读了柱子平面布置图,所以在此图上的识读重点就首先落到了梁上。这里提到的梁的信息主要包括梁的类型数、各类梁的截面形式、梁的跨度、梁的标高以及梁柱的连接形式等信息。

2)掌握其他构件的布置情况。这里其他构件主要是指梁之间的水平支撑、隅撑以及楼板层的布置。水平支撑和隅撑并不是所有的工程中都有,如果有的话也将在结构平面布置图中一起表示出来;楼板层的布置主要是指采用钢筋混凝土楼板时,应将钢筋的布置方案在平面图中表示出来,有时也会将板的布置方案单列一张图纸。

3)查找图中的洞口位置。楼板层中的洞口主要包括楼梯间和配合设备管道安装的洞口,在平面图中主要明确它们的位置和尺寸大小。

2. 识读举例

实例:某钢结构平面布置图(图7-14)

(1)图中可以看到五种型号的梁,编号为B1、B2、B3、B4、B5,每种梁的截面尺寸可以到结构设计说明中的主要材料表查询。

(2)从图上看,所有梁的标高相等,梁与柱的连接参照图例可以发现绝大多数梁柱节点均为刚性连接,只有边梁和阳台梁与柱的连接采用了铰接连接。

(3)对于其他构件的布置情况,由于本工程梁的跨度和梁的间距均不大,因此没有水平支撑和隅撑的布置。

(4)图中显示出的洞口在H轴线与1轴线相交处附近。

三、屋面檩条平面布置图

1. 表达内容

屋面檩条平面布置图主要表达檩条的平面布置位置、檩条的间距以及檩条的标高。

2. 识读举例

实例:某钢结构屋面檩条平面布置图(图7-15)

(1)要清楚每种檩条的所在位置和截面做法,檩条的位置主要根据檩条布置图上标注的间距尺寸和轴线来判断,截面可以根据编号到材料表中查询。

(2)注意屋面坡度方向,本图中已经说明坡度均为30°。

(3)注意屋顶不同位置的标高。

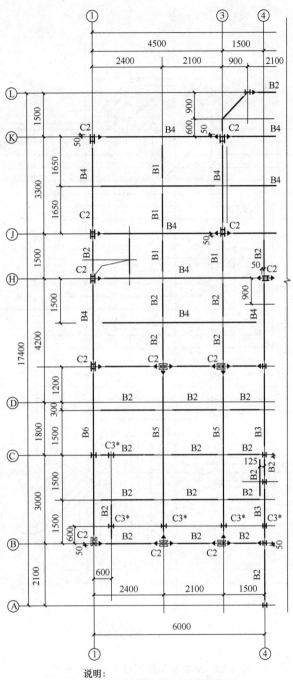

说明:
1.未注明柱为C1,未注明梁为B3;
2.除注明外,本层梁顶标高为3.000m;
3.除注明外,梁柱轴线均为轴线对中;
4.C3柱顶标高为3.380m。

图 7-14　某钢结构平面布置图

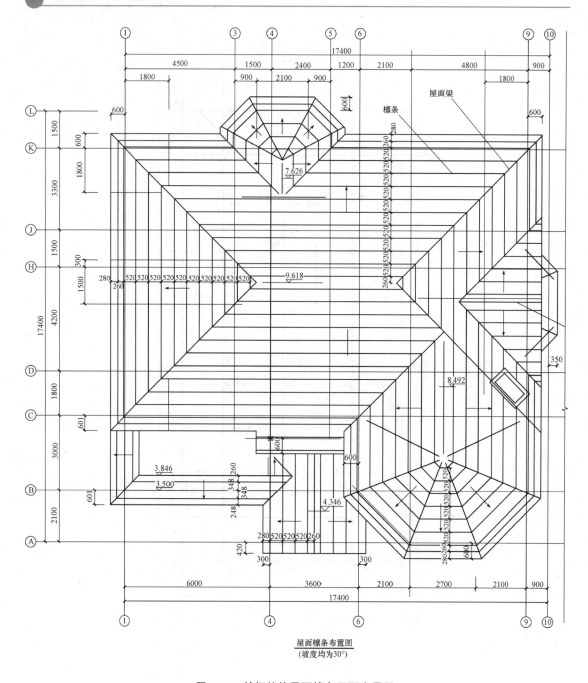

屋面檩条布置图
(坡度均为30°)

图 7-15　某钢结构屋面檩条平面布置图

四、楼梯施工详图

1. 表达内容

楼梯施工图主要包括:楼梯平面布置图、楼梯剖面图、平台梁与梯斜梁的连接详图、踏步板详图、平台梁与平台柱的连接详图、楼梯底部基础详图等。

对于楼梯图的识读步骤一般为:先读楼梯平面图,掌握楼梯的具体位置和楼梯的具体平面尺寸;再读楼梯剖面图,掌握楼梯在竖向上的尺寸关系和楼梯本身的构造形式及结构组成;最后就是阅读钢楼梯的节点详图,从而掌握组成楼梯的各构件之间的连接作法。

2. 识读举例

实例:某钢结构楼梯施工详图(图7-16)

(1)图中的楼梯为某别墅室内楼梯,所以坡度较大、受力较小,而且从平面图可知还是一部旋转楼梯。

(2)对于楼梯施工图,首先要弄清楚各构件之间的位置关系,其次要明确各构件之间的连接问题,各个节点详图中可知各构件的尺寸及做法等。

(3)前面提到,对于钢结构楼梯,往往做成梁板式楼梯,因此它的主要构件有:踏步板、梯斜梁、平台梁、平台柱等。

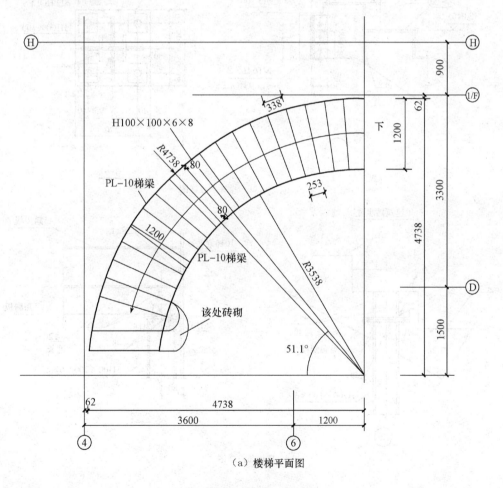

（a）楼梯平面图

图7-16 楼梯施工详图

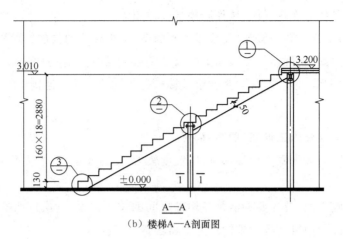

（b）楼梯A—A剖面图

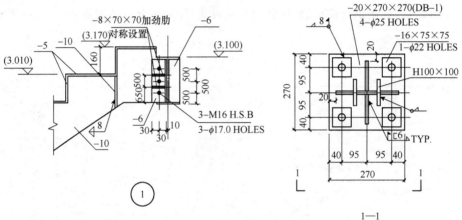

（c）楼梯节点详图一

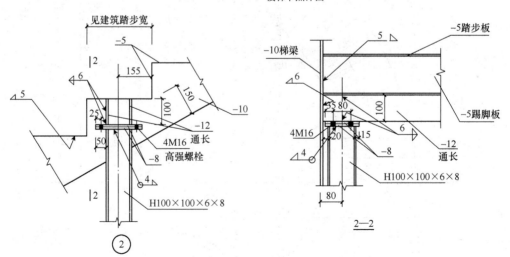

（d）楼梯节点详图二

图 7-16　楼梯施工详图（续）

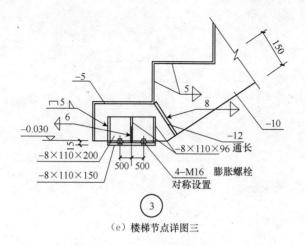

（e）楼梯节点详图三

图 7-16　楼梯施工详图(续)

五、节点详图

1. 表达内容

节点详图在设计阶段应表示清楚各构件间的相互连接关系及其构造特点,节点上应标明整个结构物的相关位置,即应标出轴线编号、相关尺寸、主要控制标高、构件编号和截面规格、节点板厚度及加劲肋做法。

构件与节点板采用焊接连接时,应标明焊脚尺寸及焊缝符号。构件采用螺栓连接时,应标明螺栓是什么螺栓、螺栓直径、数量。

对于节点详图的识读,首先要判断清楚该详图对应于整体结构的什么位置(可以利用定位轴线或索引符号等),其次判断该连接的连接特点(即两构件之间在何处连接,是铰接连接还是刚接等),最后才是识读图上的标注。

2. 识读举例

实例:某钢结构节点详图(图 7-17)

(1)由节点详图可知该节点是截面为 H100×100 柱与截面高为 100mm 的梁在 3.100m 和 6.100m 标高处的一个刚接节点。

(2)通过对三个投影方向图的综合阅读,可以知道梁柱的连接方法为:在梁端头焊接一块 100mm×220mm×12mm 钢板作为连接板,然后用 6 个直径为 16mm 的螺栓将连接板与柱翼缘板连接,为加强节点,还需在柱子腹板两侧沿梁上下翼缘板的高度各设置一道加劲肋,加劲肋厚度为 6mm。

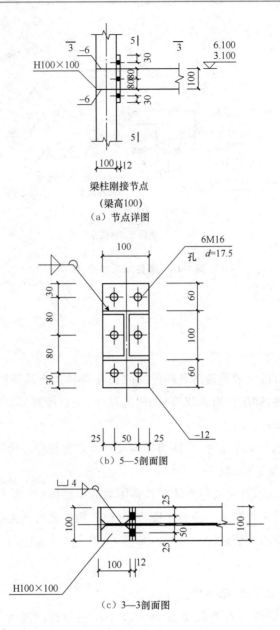

图 7-17　某钢结构节点详图

第八章

钢筋混凝土结构施工图识读

第一节　钢筋混凝土结构识图基础

一、钢筋的分类

1. 主钢筋

主钢筋又称纵向受力钢筋,可分受拉钢筋和受压钢筋两类。

受拉钢筋配置在受弯构件的受拉区和受拉构件中承受拉力;受压钢筋配置在受弯构件的受压区和受压构件中,与混凝土共同承受压力。

一般在受弯构件受压区配置主钢筋是不经济的,只有在受压区混凝土不足以承受压力时,才在受压区配置受压主钢筋以补强。

受拉钢筋在构件中的位置如图 8-1 所示。

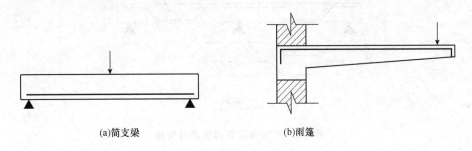

(a)简支梁　　　　　　　　　　(b)雨篷

图 8-1　受拉钢筋在构件中的位置

受压钢筋是通过计算用以承受压力的钢筋,一般配置在受压构件中。虽然混凝土的抗压强度较大,然而钢筋的抗压强度远大于混凝土的抗压强度,在构件的受压区配置受压钢筋,帮助混凝土承受压力,就可以减小受压构件或受压区的截面尺寸。

受压钢筋在构件中的位置如图 8-2 所示。

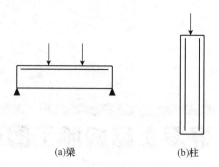

(a)梁　　　　　　　　(b)柱

图 8-2　受压钢筋在构件中的位置

2. 弯起钢筋

弯起钢筋是受拉钢筋的一种变化形式。在简支梁中,为抵抗支座附近由于受弯和受剪而产生的斜向拉力,就将受拉钢筋的两端弯起来,承受这部分斜拉力,称为弯起钢筋。但在连续梁和连续板中,经实验证明受拉区是变化的:跨中受拉区在连续梁、板的下部;到接近支座的部位时,受拉区主要移到梁、板的上部。为了适应这种受力情况,受拉钢筋到一定位置就须弯起。

弯起钢筋在构件中的位置如图 8-3 所示。

斜钢筋一般由主钢筋弯起,当主钢筋长度不够弯起时,也可采用吊筋,如图 8-4 所示,但不得采用浮筋。

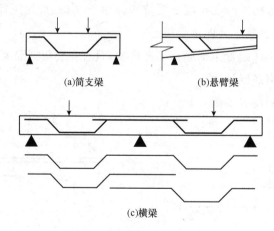

(a)简支梁　　　　　　　　(b)悬臂梁

(c)横梁

图 8-3　弯起钢筋在构件中的位置

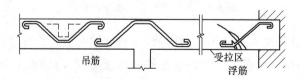

吊筋　　　　　　　　受拉区
　　　　　　　　　　浮筋

图 8-4　吊筋布置图

3. 架立钢筋

架立钢筋能够固定箍筋,并与主筋等一起连成钢筋骨架,保证受力钢筋的设计位置,使其在浇筑混凝土过程中不发生移动。

架立钢筋的作用是使受力钢筋和箍筋保持正确位置,以形成骨架。但当梁的高度小于150mm 时,可不设箍筋,在这种情况下,梁内也不设架立钢筋。

架立钢筋的直径一般为 8～12mm。架立钢筋在钢筋骨架中的位置,如图 8-5 所示。

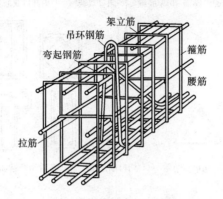

图 8-5　架立筋、腰筋等在钢筋骨架中的位置

4. 箍筋

箍筋除了可以满足斜截面抗剪强度外,还有使连接的受拉主钢筋和受压区的混凝土共同工作的作用。此外,亦可用于固定主钢筋的位置而使梁内各种钢筋构成钢筋骨架。

箍筋的主要作用是固定受力钢筋在构件中的位置,并使钢筋形成坚固的骨架,同时箍筋还可以承担部分拉力和剪力等。

箍筋的形式主要有开口式和闭口式两种。闭口式箍筋有三角形、圆形和矩形等多种形式。单个矩形闭口式箍筋也称双肢箍;两个双肢箍拼在一起称为四肢箍。在截面较小的梁中可使用单肢箍;在圆形或有些矩形的长条构件中也有使用螺旋形箍筋的。

箍筋的构造形式,如图 8-6 所示。

5. 腰筋与拉筋

当梁的截面高度超过 700mm 时,为了保证受力钢筋与箍筋整体骨架的稳定,以及承受构件中部混凝土收缩或温度变化所产生的拉力,在梁的两侧面沿高度每隔 300～400mm 设置一根直径不小于 10mm 的纵向构造钢筋,称为腰筋。腰筋的作用是防止梁太高时,由于混凝土收缩和温度变化导致梁变形而产生的竖向裂缝,同时亦可加强钢筋骨架的刚度。腰筋要用拉筋连系,如图 8-7 所示。拉筋直径采用 6～8mm。由于安装钢筋混凝土构件的需要,在预制构件中,根据构件体形和质量,在一定位置设置有吊环钢筋。在构件和墙体连接处,部分还预埋有锚固筋等。

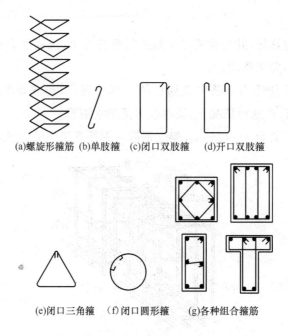

图 8-6　箍筋的构造形式

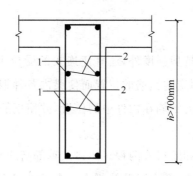

图 8-7　腰筋与拉筋布置

1—腰筋；2—拉筋

6. 分布钢筋

分布钢筋是指在垂直于板内主钢筋方向上布置的构造钢筋。其作用是将板面上的荷载更均匀地传递给受力钢筋，也可在施工中通过绑扎或点焊以固定主钢筋位置，还可抵抗温度应力和混凝土收缩应力。

分布钢筋在构件中的位置如图 8-8 所示。

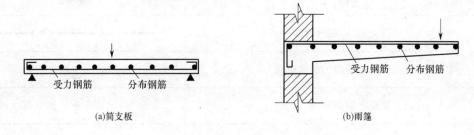

图 8-8　分布钢筋在构件中的位置

二、钢筋的制图表示

1. 钢筋的表示

普通钢筋的一般表示方法应符合表 8-1 的规定。预应力钢筋的表示方法应符合表 8-2 的规定。钢筋网片的表示方法应符合表 8-3 的规定。钢筋的焊接接头的表示方法应符合表 8-4 的规定。

表 8-1　普通钢筋

名　称	图　例	说　明
钢筋横断面	•	—
无弯钩的钢筋端部		下图表示长、短钢筋投影重叠时,短钢筋的端部用 45°斜画线表示
带半圆形弯钩的钢筋端部		—
带直钩的钢筋端部		—
带丝钩的钢筋端部		—
无弯钩的钢筋搭接		—
带半圆弯钩的钢筋搭接		—
带直钩的钢筋搭接		—
花篮螺丝钢筋接头		—
机械连接的钢筋接头		用文字说明机械连接的方式(如冷挤压或直螺纹等)

表 8-2　预应力钢筋

名称	图例
预应力钢筋或钢绞线	
后张法无粘结预应力钢筋断面	
预应力钢筋断面	
张拉端锚具	
固定端锚具	
锚具的端视图	
可动连接件	
固定连接件	

表 8-3　钢筋网片

名称	图例
一片钢筋网平面图	
一行相同的钢筋网平面图	

注:用文字注明焊接网或绑扎网片。

表 8-4　钢筋的焊接接头

名称	接头形式	标注方法
单面焊接的钢筋接头		
双面焊接的钢筋接头		
用帮条单面焊接的钢筋接头		
用帮条双面焊接的钢筋接头		

续表

名称	接头形式	标注方法
接触对焊的钢筋接头（闪光焊、压力焊）		
坡口平焊的钢筋接头		
坡口立焊的钢筋接头		
用角钢或扁钢做连接板焊接的钢筋接头		
钢筋或螺（锚）栓与钢板穿孔塞焊的接头		

2. 钢筋的画法

钢筋的画法应符合表 8-5 的规定。

表 8-5　钢筋画法

说明	图例
在结构楼板中配置双层钢筋时,底层钢筋的弯钩应向上或向左,顶层钢筋的弯钩则向下或向右	（底层）　（顶层）
钢筋混凝土墙体配双层钢筋时,远面钢筋的弯钩应向上或向左,而近面钢筋的弯钩向下或向右（JM 近面,YM 远面）	
若在断面图中不能表达清楚的钢筋布置,应在断面图外增加钢筋大样图(如:钢筋混凝土墙、楼梯等)	

说明	图例
图中所表示的箍筋、环筋等若布置复杂时,可加画钢筋大样及说明	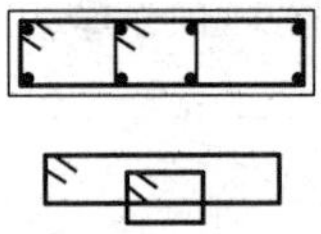
每组相同的钢筋、箍筋或环筋,可用一根粗实线表示,同时用一两端带斜短画线的横穿细线,表示其钢筋及起止范围	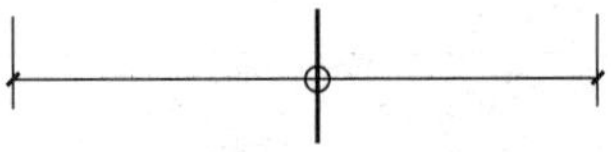

三、混凝土的强度等级

混凝土按其抗压强度的不同分为不同的强度等级。

混凝土强度等级分为 C7.5,C10,C15,C20,C25,C30,C35,C40,C45,C50,C55 和 C60 十二个等级,数字越大,表示混凝土的抗压强度越高。

四、平法识图基础

1. 认识平法设计

"平法"是"建筑结构平面整体设计方法"的简称。应用平法设计方法,就对结构设计的结果——"建筑结构施工图"的表现有了大的变革。

钢筋混凝土结构中,结构施工图表达钢筋和混凝土两种材料的具体配置。设计文件要由设计图样和文字说明组成。

从传统结构设计方法的设计图样,到平法设计方法的设计图样,其演进情况,如图 8-9 所示,传统结构施工图中的平面图及断面图上的构件平面位置、截面尺寸及配筋信息,演变为平法施工图的平面图;传统结构施工图中剖面上的钢筋构造,演变为国家标准构造即《混凝土结构施工图平面整体表示方法制图规则和构造详图》(11 G101—1)。

应用平法设计方法,就取消了传统设计方法中的"钢筋构造标注",将钢筋构造标准形成《混凝土结构施工图平面整体表示方法制图规则和构造详图》(11 G101—1)系列国家标准构造图集。

2. 平法工作内容

平法设计方式下,设计、造价、施工等工程相关人员有相应的学习及工作内容,工程造价人员在钢筋算量过程中,对平法设计方式下的结构施工图设计文件要学习的内容,见表 8-6。

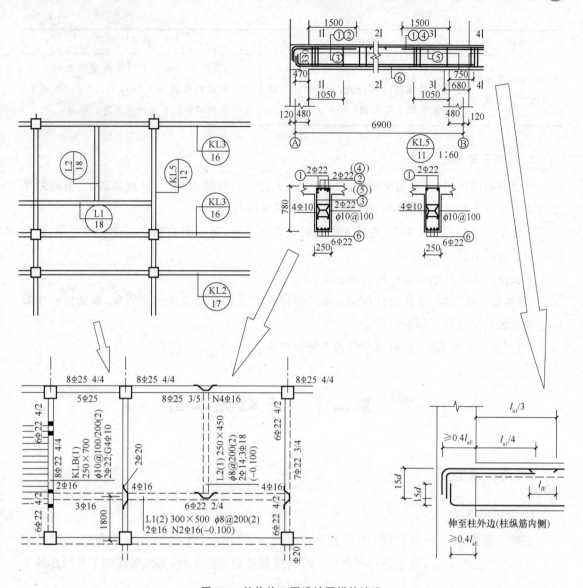

图 8-9 结构施工图设计图样的演进

表 8-6 平法工作内容

项目	目的	内容
学习识图	能看懂平法施工图	学习《混凝土结构施工图平面整体表示方法制图规则和构造详图》(11 G101—1)系列平法图集的"制图规则"
理解标准构造	理解平法设计和各构件的各钢筋的锚固、连接、根数的构造	学习《混凝土结构施工图平面整体表示方法制图规则和构造详图》(11 G101—1)系列平法图集的"构造详图"

续表

项目	目的	内容
整理出钢筋算量的具体计算公式	在理解平法设计的钢筋构造基础上,整理出具体的计算公式,比如 KL 上部通长钢筋端支座弯锚长度$=h_c-c+15d$	对《混凝土结构施工图平面整体表示方法制图规则和构造详图》(11 G101—1)系列平法图集按照系统思考的方法进行整理

3. 理解平法理论

通过前面的认知,已经能够在平法设计方式下完成各自的工作了,在此基础上,追溯到平法设计方法产生的根源,逐渐理解平法设计方法带来的行业演变。

平法是一种结构设计方法,它最先影响的是设计系统,然后影响到平法设计的应用,最后影响到下游的造价、施工等环节。

平法设计方法对结构设计的影响包括:

(1)浅层次的影响,平法设计将大量传统设计的重复性劳动变成标准图集,推动结构工程师更多地做其应该做的创新性劳动;

(2)更深层次的影响,是对整个设计系统的变革。

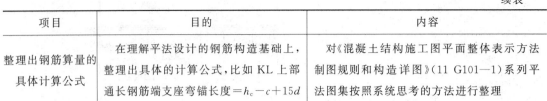

第二节　基础施工图

一、基础平面图

1. 表达内容

基础平面图是一种剖视图,是假想用一个水平剖切面,在房屋的室内底层地面标高±0.000处,将房屋剖开,移去剖切平面以上的房屋和基础回填土后,再向房屋的下部所作的水平投影。

基础平面图主要表示基础的平面布置情况,以及定位轴线位置、基础的形状和尺寸、基础梁的位置和代号、基础详图的剖切位置和编号等。它是房屋施工过程中指导放线、基坑开挖、定位基础的依据。

基础平面图的绘制比例,通常采用 1∶50、1∶100、1∶200。

基础平面图中的定位轴线网格与建筑平面图中的轴线网格完全相同,比例也尽量相同。此外,还应标注基础详图的剖切位置线和编号以及用文字说明地基承载力及材料强度等级等。

2. 识图举例

实例 1:某桩基础承台平面图(图 8-10)

(1)图名为基础承台平面图,绘图比例为 1∶100。

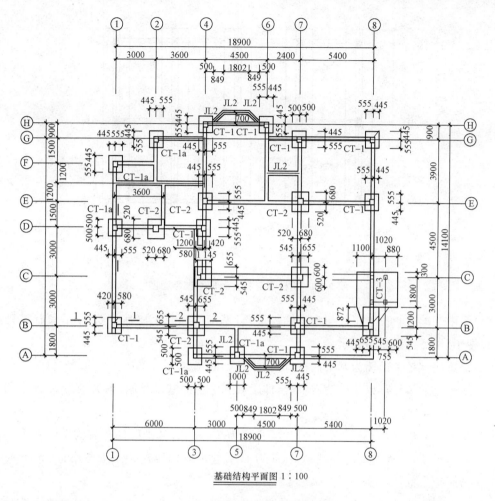

基础结构平面图 1:100

图 8-10　某桩基础承台平面图

(2)定位轴线编号和轴线间尺寸与桩位平面布置图中的一致,也与建筑平面图一致。

(3)CT 为独立承台的代号,图中出现的此类代号有"CT-1a、CT-1、CT-2、CT-3",表示四种类型的独立承台。

(4)承台周边的尺寸可以表达出承台中心线偏离定位轴线的距离以及承台外形几何尺寸。如图中定位轴线①号与 B 号交叉处的独立承台,尺寸数字"420"和"580"表示承台中心向右偏移出①号定位轴线 80mm,承台该边边长 1000mm;从尺寸数字"445"和"555"中,可以看出该独立承台中心向上偏移出 B 号轴线 55mm,承台该边边长 1000mm。

(5)"JL1、JL2"代表两种类型的地梁,基础结构平面图中未注明地梁均为 JL1,所有主次梁相交处附加吊筋 2φ14,垫层同垫台。地梁连接各个独立承台,并把它们形成一个整体,地梁一般沿轴线方向布置,偏移轴线的地梁标有位移大小。剖切符号 1—1、2—2、3—3 表示承台详图中承台在基础结构平面布置图上的剖切位置。

实例2:某柱下混凝土条形基础平面图(图8-11)

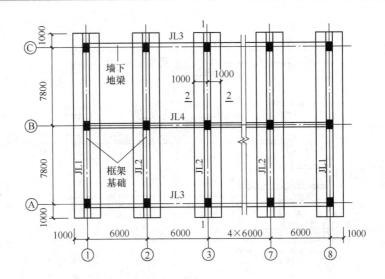

图 8-11 某柱下混凝土条形基础平面图

(1)图中基础中心位置正好与定位轴线重合,基础的轴线距离都是 6.00m,每根基础梁上有三根柱子,用黑色的矩形表示。

(2)地梁底部扩大的面为基础底板,即图中基础的宽度为 2.00m。

(3)从图上的编号可以看出两端轴线,即①轴和⑧轴的基础相同,均为 JL1;其他中间各轴线的相同,均为 JL2。

(4)从图中看出基础全长 18.00m,地梁长度为 15.60m,基础两端还有为了承托上部墙体(砖墙或轻质砌块墙)而设置的基础梁,标注为 JL3,它的断面要比 JL1、JL2 小,尺寸为 300mm $\times$ 550mm($b \times h$)。

(5)JL3 的设置,使我们在看图中了解到该方向可以不必再另行挖土方做砖墙的基础了。

(6)柱子的柱距均为 6.0m,跨度为 7.8m。

实例 3:某独立基础平面图(图 8-12)

(1)从独立基础整体平面图中,我们可以看到独立基础的整体布置,以及各个独立基础的配筋要求,相同独立基础用统一编号代替。

(2)在独立基础底板底部双向配筋示意图中 B:$X \not\Phi 16@150$,表示基础底板底部配置 HRB400 级钢筋,X 向直径为 16mm,分布间距 150mm。

(3)在独立基础底板底部双向配筋示意图中 B:$Y \not\Phi 16@200$ 表示基础底板底部配置 HRB400 级钢筋,Y 向直径为 16mm,分布间距 200mm。

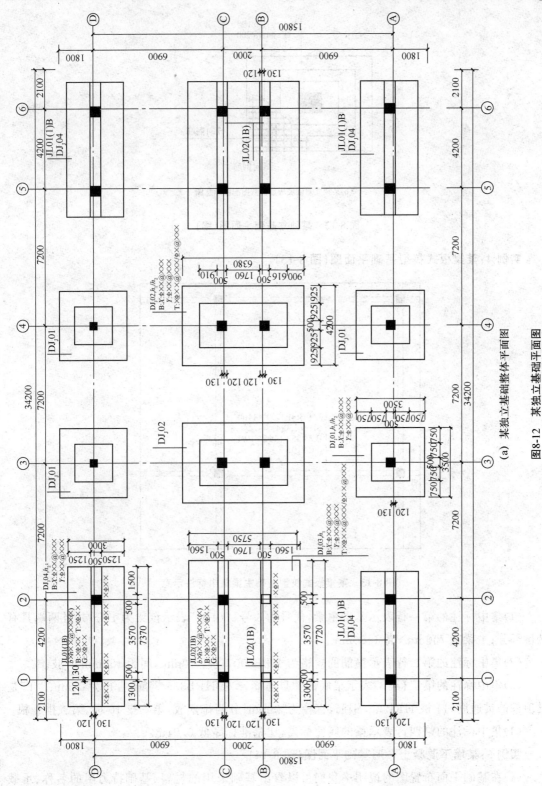

(a) 某独立基础整体平面图

图8-12　某独立基础平面图

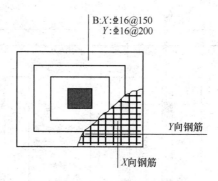

(b)某独立基础底板底部双向配筋示意图

图 8-12　某独立基础平面图(续)

实例 4：某梁板式筏型基础平面图(图 8-13)

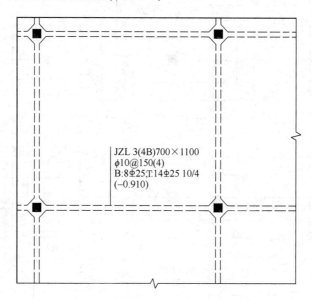

JZL 3(4B)700×1100
$\phi10@150(4)$
B:8Φ25;T.14Φ25 10/4
(−0.910)

图 8-13　某梁板式筏型基础主梁集中标注示意

(1)集中标注的第一行表示基础主梁,代号为 3 号;"(4B)"表示该梁为 4 跨,并且两端具有悬挑部分;主梁宽 700mm,高 1100mm。

(2)集中标注的第二行表示箍筋的规格为 HPB300,直径 10mm,间距 150mm,4 肢。

(3)集中标注的第三行"B"表示梁底部的贯通筋,8 根 HRB335 钢筋,直径为 25mm;"T"是梁顶部的贯通筋,14 根 HRB335 钢筋,直径为 25mm;分两排摆放,第一排 10 根,第二排 4 根。

(4)集中标注的第四行表示梁的底面标高,比基准标高低 0.91m。

实例 5：某墙下混凝土条形基础平面图(图 8-14)

(1)在基础平面布置图的说明中我们可以看出基础采用的材料、基础持力层的名称、承载力特征值 f_{ak} 和基础施工时的一些注意事项等。

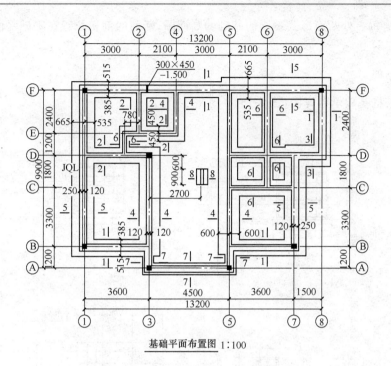

基础平面布置图 1:100

图 8-14　某墙下混凝土条形基础平面布置图

（2）在②轴靠近 F 轴位置墙上的 $\dfrac{300 \times 450}{-1.500}$，粗实线表示了预留洞口的位置，它表示这个洞口宽×高为 300mm×450mm，洞口的底标高为 −1.500m。

（3）标注 4—4 剖面处，基础宽度 1200mm，墙体厚度 240mm，墙体轴线居中，基础两边线到定位轴线均为 600mm；标注 5—5 剖面处，基础宽度 1200mm，墙体厚度 370mm，墙体偏心 65mm，基础两边线到定位轴线分别为 665mm 和 535mm。

二、基础详图

1. 表达内容

由于基础布置平面图只表示了基础平面布置，没有表达出基础各部位的断面，为了给基础施工提供详细的依据，就必须画出各部分的基础断面详图。

基础详图是一种断面图，是采用假想的剖切平面垂直剖切基础具有代表性的部位而得到的断面图。为了更清楚地表达基础的断面，基础详图的绘制比例通常取 1：20、1：30。

基础详图充分表达了基础的断面形状、材料、大小、构造和埋置深度等内容。

基础详图一般采用垂直的横剖断面表示，断面详图相同的基础用同一个编号、同一个详图表示。对断面形状和配筋形式都较类似的条形基础，可采用通用基础详图的形式，通用基础详图的轴线符号圆圈内不注明具体编号。

对于同一幢房屋，由于它内部各处的荷载和地基承载力不同，其基础断面的形式也不相同,所以需画出每一处断面形式不同的基础的断面图,断面的剖切位置在基础平面图上用剖切符号表示。

2. 识图举例

实例1:某桩基础承台详图(图8-15)

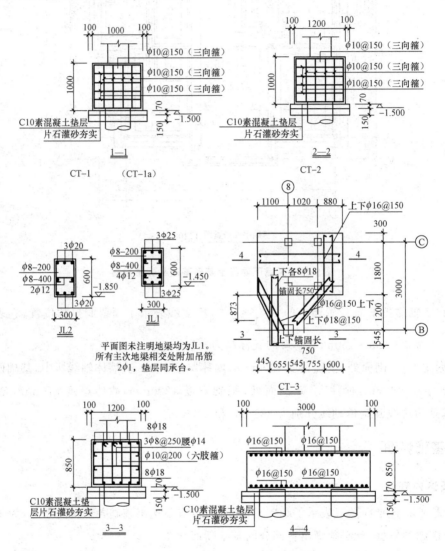

图 8-15　某桩基础承台详图

(1)图1—1、2—2分别为独立承台CT-1、CT-1a、CT-2的剖面图。图JL1、JL2分别为JL1、JL2的断面图。图CT-3为独立承台CT-3的平面详图,图3—3、4—4为独立承台CT-3的剖面图。

(2)从1—1剖面图中,可知承台高度为1000mm,承台底面即垫层顶面标高为−1.500m。垫层分上、下两层,上层为70mm厚的C10素混凝土垫层,下层用片石灌砂夯实。由于承台

CT-1 与承台 CT-1a 的剖面形状、尺寸相同,只是承台内部配置有所差别,如图中 $\phi10@150$ 为承台 CT-1 的配筋,其旁边括号内注写的三向箍为承台 CT-1a 的内部配筋,所以当选用括号内的配筋时,图 1—1 表示的为承台 CT-1a 的剖面图。

(3)从平面详图 CT-3 中,可以看出该独立承台由两个不同形状的矩形截面组成,一个是边长为 1200mm 的正方形独立承台,另一个为截面尺寸为 2100mm×3000mm 的矩形双柱独立承台。两个矩形部分之间用间距为 150mm 的 $\phi18$ 钢筋拉结成一个整体。图中"上下 $\phi16@$ 150"表示该部分上下部分两排钢筋均为间距 150mm 的 $\phi16$ 钢筋,其中弯钩向左和向上的钢筋为下排钢筋,弯钩向右和向下的钢筋为上排钢筋。

(4)剖切符号 3—3、4—4 表示断面图 3—3、4—4 在该详图中的剖切位置。从 3—3 断面图中可以看出,该承台断面宽度为 1200mm,垫层每边多出 100mm,承台高度 850mm,承台底面标高为 -1.500m,垫层构造与其他承台垫层构造相同。

(5)从 4—4 断面图中可以看出,承台底部所对应的垫层下有两个并排的桩基,承台底部与顶部均纵横布置着间距 150mm 的 $\phi16$ 钢筋,该承台断面宽度为 3000mm,下部垫层两外侧边线分别超出承台宽两边线 100mm。

(6)JL1 和 JL2 为两种不同类型的基础梁或地梁。JL1 详图也是该种地梁的断面图,截面尺寸为 300mm×600mm,梁底面标高为 -1.450m;在梁截面内,布置着 3 根直径为 $\oplus25$ 的 HRB 级架立筋,3 根直径为 $\oplus25$ 的 HRB 级受力筋,间距 200mm、直径为 $\phi8$ 的 HPB 级箍筋,4 根直径为 $\phi12$ 的 HPB 级的腰筋和间距 400mm、直径为 $\phi8$ 的 HPB 级的拉筋。JL2 详图截面尺寸为 300mm×600mm,梁底面标高为 -1.850m;在梁截面内,上部布置着 3 根直径为 $\oplus20$ 的 HRB 级的架立筋,底部为 3 根直径为 $\oplus20$ 的 HRB 级的受力钢筋,间距 200mm、直径为 $\phi8$ 的 HPB 级的箍筋,2 根直径为 $\phi12$ 的 HPB 级的腰筋和间距 400mm、直径为 $\phi8$ 的 HPB 级的拉筋。

实例 2:平板式筏型基础详图(图 8-16～图 8-17)

(1)平板式筏形基础平法施工图,是在基础平面布置图上采用平面注写方式表达。

(2)当绘制基础平面布置图时,应将平板式筏形基础与其所支承的柱、墙一起绘制。

(3)当基础底面标高不同时,需注明与基础底面基准标高不同之处的范围和标高。

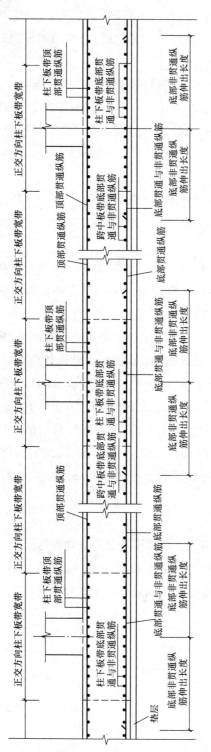

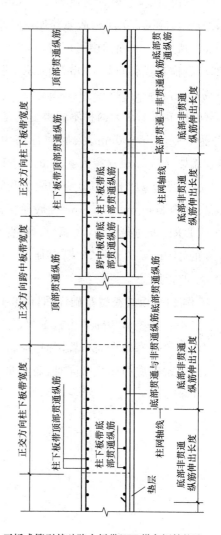

（a）平板式筏型基础下板带ZXB纵向钢筋构造　　（b）平板式筏型基础跨中板带KZB纵向钢筋构造

图 8-16　平板式筏型基础下板带 ZXB 与跨中板带 KZB 纵向钢筋构造示意

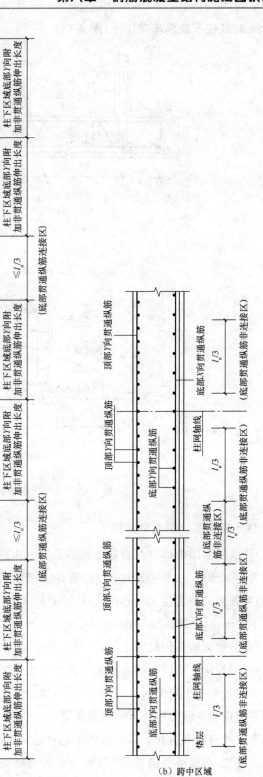

图 8-17　平板式筏型基础平板 BPB 钢筋构造示意

实例 3：某柱下条形基础详图（图 8-18）

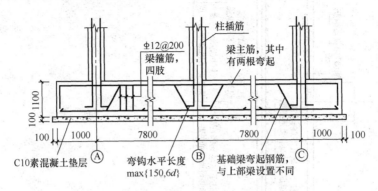

（a）柱下条形基础纵向剖面图

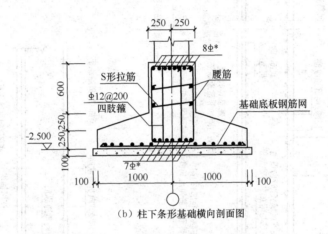

（b）柱下条形基础横向剖面图

图 8-18　某柱下条形基础剖面图

1. 柱下条形基础纵向剖面图

（1）从该剖面图中可以看到基础梁沿长向的构造，首先我们看出基础梁的两端有一部分挑出长度为 1000mm，由力学知识可以知道，这是为了更好地平衡梁在框架柱处的支座弯矩。

（2）基础梁的高度是 1100mm，基础梁的长度为 17600mm，即跨距 7800×2 加上柱轴线到梁边的 1000mm，故总长为 7800×2＋1000×2＝17600mm。

（3）弄清楚梁的几何尺寸之后，主要是看懂梁内钢筋的配置。我们可以看到，竖向有三根柱子的插筋，长向有梁的上部主筋和下部的受力主筋，根据力学的基本知识我们可以知道，基础梁承受的是地基土向上的反力，它的受力就好比是一个翻转 180°的上部结构的梁，因此跨中上部钢筋配置的少而支座处下部钢筋配置的少，而且最明显的是如果设弯起钢筋时，弯起钢筋在柱边支座处斜的方向和上部结构的梁的弯起钢筋斜向相反。这些在看图时和施工绑扎钢筋时必须弄清楚，否则就要造成错误，如果检查忽略而浇注了混凝土那就会成为质量事故。此外，上下的受力钢筋用钢箍绑扎成梁，图中注明了箍筋采用Φ12，并且是四肢箍。

2. 柱下条形基础横向剖面图

(1)从该剖面图中可以看到基础梁沿短向的构造,从图中可以看到,基础宽度为2.00m,基础底有100mm厚的素混凝土垫层,底板边缘厚为250mm,斜坡高亦为250mm,梁高与纵剖面一样为1100mm。

(2)从基础的横剖面图上还可以看出的是地基梁的宽度为500mm。

(3)在横剖面图上应该看梁及底板的钢筋配置情况,从图中可以看出底板在宽度方向上是主要受力钢筋,它摆放在底下,断面上一个一个的黑点表示长向钢筋,一般是分布筋。板钢筋上面是梁的配筋,可以看出上部主筋有8根,下部配置有7根。

(4)柱下条形基础纵向剖面图提到的四肢箍就是由两个长方形的钢箍组成的,上下钢筋由四肢钢筋联结在一起,这种形式的箍筋称为四肢箍。另外,由于梁高较大,在梁的两侧一般设置侧向钢筋加强,俗称腰筋,并采用S形拉结筋勾住以形成整体。

实例4:某墙下条形基础详图(图8-19)

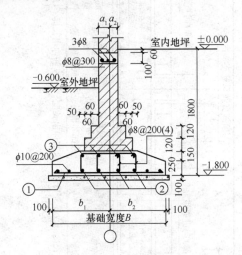

图8-19　某墙下条形基础详图

(1)为保护基础的钢筋同时也为施工时敷设钢筋弹线方便,基础下面设置了素混凝土垫层100mm厚,每侧超出基础底面各100mm,一般情况下垫层混凝土等级常采用C10。

(2)该条形基础内配置了①号钢筋,为HRB335或HRB400级钢,具体数值可以通过"基础细部数据表"中查得,受力钢筋按普通梁的构造要求配置,上下各为4Φ14,箍筋为4肢箍Φ8@200。

(3)墙身中粗线之间填充了图例符号,表示墙体材料是砖,墙下有放脚,由于受刚性角的限制,故分两层放出,每层120mm,每边放出60mm。

(4)基础底面即垫层顶面标高为-1.800m,说明该基础埋深1.8m,在基础开挖时必须要挖到这个深度。

实例5:梁板式筏型基础详图(图8-20和图8-21)

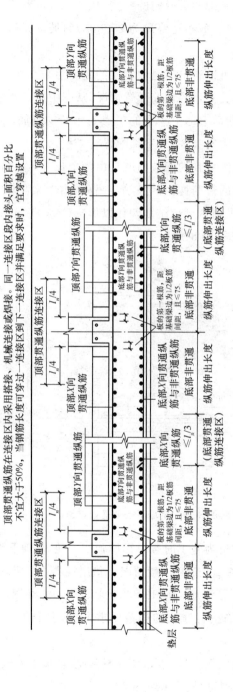

图8-20 梁板式筏型基础平板LPB钢筋构造示意（一）

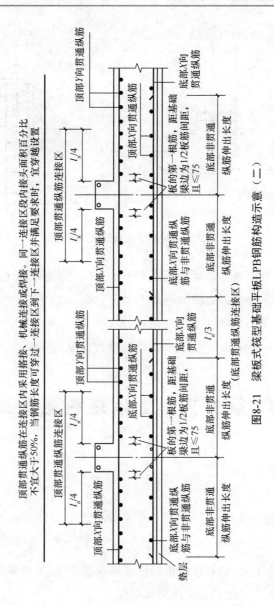

图8-21 梁板式筏型基础平板LPB钢筋构造示意（二）

（1）梁板式筏形基础平法施工图，是在基础平面布置图上采用平面注写方式进行表达。

（2）当绘制基础平面布置图时，应将梁板式筏形基础与其所支承的柱、墙一起绘制。当基础底面标高不同时，需注明与基础底面基准标高不同之处的范围和标高。

（3）通过选注基础梁底面与基础平板底面的标高高差来表达两者间的位置关系，可以明确其"高板位"（梁顶与板顶一平）、"低板位"（梁底与板底一平）以及"中板位"（板在梁的中部）三种不同位置组合的筏形基础，方便设计表达。

（4）对于轴线未居中的基础梁，应标注其定位尺寸。

实例6：某独立基础详图（图8-22）

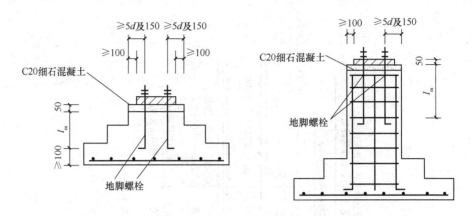

图 8-22 某钢柱下独立基础示意图

(1)地脚螺栓中心至基础顶面边缘的距离不小于 $5d$(d 为地脚螺栓直径)及 150mm。

(2)钢柱底板边线至基础顶面边缘的距离不小于 100mm。

(3)基础顶面设 C20 细石混凝土二次浇灌层,厚度一般可采用 50mm。

(4)基础高度 $h \geqslant l_m + 100$mm(l_m 为地脚螺栓的埋置深度)。

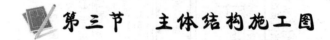

第三节 主体结构施工图

一、板施工平面图

1. 有梁楼盖板平法施工图

(1)表示方法

1)有梁楼盖板平法施工图,是在楼面板和屋面板布置图上,采用平面注写的表达方式。板平面注写主要包括板块集中标注和板支座原位标注。

2)为方便设计表达和施工识图,规定结构平面的坐标方向为:当两向轴网正交布置时,图面从左至右为 X 向,从下至上为 Y 向;当轴网转折时,局部坐标方向顺轴网转折角度做相应转折;当轴网向心布置时,切向为 X 向,径向为 Y 向。此外,对于平面布置比较复杂的区域,其平面坐标方向应由设计者另行规定并在图上明确表示。

(2)板块集中标注

1)板块集中标注的内容为:板块编号、板厚、贯通纵筋,以及当板面标高不同时的标高高差。对于普通楼面,两向均以一跨为一板块;对于密肋楼盖,两向主梁(框架梁)均以一跨为一板块(非主梁密肋不计)。所有板块应逐一编号,相同编号的板块可择其一做集中标注,其他仅注写置于圆圈内的板编号,以及当板面标高不同时的标高高差。板块编号按表 8-7 的规定。

表 8-7　板块编号

板类型	代号	序号
楼面板	LB	××
屋面板	WB	××
悬挑板	XB	××

板厚注写为 $h=\times\times\times$（为垂直于板面的厚度）；当悬挑板的端部改变截面厚度时，用"/"分隔根部与端部的高度值，注写为 $h=\times\times\times/\times\times\times$；当设计已在图注中统一注明板厚时，此项可不注。

贯通纵筋按板块的下部和上部分别注写（当板块上部不设贯通纵筋时则不注），并以 B 代表下部，以 T 代表上部，B&T 代表下部与上部；X 向贯通纵筋以 X 打头，Y 向贯通纵筋以 Y 打头，两向贯通纵筋配置相同时则以 X&Y 打头。当为单向板时，分布筋可不必注写，而在图中统一注明。

当在某些板内配置有构造钢筋时，则 X 向以 X_c，Y 向以 Y_c 打头注写。当 Y 向采用放射配筋时（切向为 X 向，径向为 Y 向），设计者应注明配筋间距的定位尺寸。当贯通筋采用两种规格钢筋"隔一布一"方式时，表达为 $xx/yy@xxx$，表示直径为 xx 的钢筋和直径为 yy 的钢筋两者之间间距为 xxx，直径 xx 的钢筋的间距为 xxx 的 2 倍，直径 yy 的钢筋的间距为 xxx 的 2 倍。板面标高高差，是指相对于结构层楼面标高的高差，应将其注写在括号内，且有高差则注，无高差不注。

2）同一编号板块的类型、板厚和贯通纵筋均应相同，但板面标高、跨度、平面形状以及板支座上部非贯通纵筋可以不同，如同一编号板块的平面形状可为矩形、多边形及其他形状等。施工预算时，应根据其实际平面形状，分别计算各块板的混凝土与钢材用量。设计与施工应注意：单向或双向连续板的中间支座上部同向贯通纵筋，不应在支座位置连接或分别锚固。当相邻两跨的板上部贯通纵筋配置相同，且跨中部位有足够空间连接时，可在两跨任意一跨的跨中连接部位连接；当相邻两跨的上部贯通纵筋配置不同时，应将配置较大者越过其标注的跨数终点或起点伸至相邻跨的跨中连接区域连接。设计应注意板中间支座两侧上部贯通纵筋的协调配置，施工及预算应按具体设计和相应标准构造要求实施。等跨与不等跨板上部贯通纵筋的连接有特殊要求时，其连接部位及方式应由设计者注明。

（3）板支座原位标注

1）板支座原位标注的内容为：板支座上部非贯通纵筋和悬挑板上部受力钢筋。板支座原位标注的钢筋，应在配置相同跨的第一跨表达（当在梁悬挑部位单独配置时则在原位表达）。在配置相同的第一跨（或梁悬挑部位），垂直于板支座（梁或墙）绘制一段适宜长度的中粗实线（当该筋通长设置在悬挑板或短跨板上部时，实线段应画至对边或贯通短跨），以该线段代表支座上部非贯通纵筋，并在线段上方注写钢筋编号（如①、②等）、配筋值、横向连续布置的跨数（注写在括号内，且当为一跨时可不注），以及是否横向布置到梁的悬挑端。

板支座上部非贯通筋自支座中线向跨内的伸出长度,注写在线段的下方位置。

当中间支座上部非贯通纵筋向支座两侧对称伸出时,可仅在支座一侧线段下方标注伸出长度,另一侧不注,如图 8-23 所示。当向支座两侧非对称伸出时,应分别在支座两侧线段下方注写伸出长度,如图 8-24 所示。

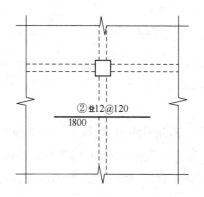

图 8-23　板支座上部非贯通筋对称伸出

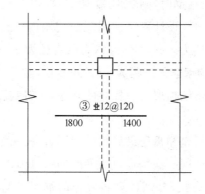

图 8-24　板支座上部非贯通筋非对称伸出

对线段画至对边贯通全跨或贯通全悬挑长度的上部通长纵筋,贯通全跨或伸出至全悬挑一侧的长度值不注,只注明非贯通筋另一侧的伸出长度值,如图 8-25 所示。

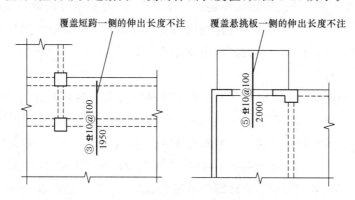

图 8-25　板支座非贯通筋贯通全跨或伸出至悬挑端

当板支座为弧形,支座上部非贯通纵筋呈放射状分布时,设计者应注明配筋间距的度量位置并加注"放射分布"四字,必要时应补绘平面配筋图,如图 8-26 所示。

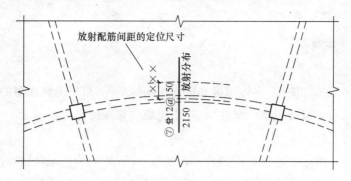

图 8-26　弧形支座处放射配筋

关于悬挑板的注写方式如图 8-27 所示。当悬挑板端部厚度不小于 150mm 时,设计者应指定板端部封边构造方式,当采用 U 形钢筋封边时,还应指定 U 形钢筋的规格、直径。

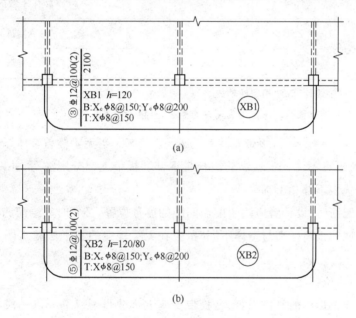

图 8-27　悬挑板支座非贯通筋

在板平面布置图中,不同部位的板支座上部非贯通纵筋及悬挑板上部受力钢筋,可仅在一个部位注写,对其他相同者则仅需在代表钢筋的线段上注写编号及注写横向连续布置的跨数即可。此外,与板支座上部非贯通纵筋垂直且绑扎在一起的构造钢筋或分布钢筋,应由设计者在图中注明。

2)当板的上部已配置有贯通纵筋,但需增配板支座上部非贯通纵筋时,应结合已配置的同向贯通纵筋的直径与间距采取"隔一布一"方式配置。"隔一布一"方式,为非贯通纵筋的标注间距与贯通纵筋相同,两者组合后的实际间距为各自标注间距的 1/2。当设定贯通纵筋为纵筋总截面面积的 50%时,两种钢筋应取相同直径;当设定贯通纵筋大于或小于总截面面积的 50%时,两种钢筋则取不同直径。

2. 无梁楼盖平法施工图

(1)表示方法

1)无梁楼盖平法施工图,是在楼面板和屋面板布置图上,采用平面注写的表达方式。

2)板平面注写主要有板带集中标注、板带支座原位标注两部分内容。

(2)板带集中标注

1)集中标注应在板带贯通纵筋配置相同跨的第一跨(X 向为左端跨,Y 向为下端跨)注写。相同编号的板带可择其一做集中标注,其他仅注写板带编号(注在圆圈内)。板带集中标注的具体内容为:板带编号,板带厚及板带宽和贯通纵筋。板带编号按表 8-8 的规定。

表 8-8 板带编号

板带类型	代号	序号	跨数及有无悬挑
柱上板带	ZSB	××	(××)、(××A)或(××B)
跨中板带	KZB	××	(××)、(××A)或(××B)

注:1. 跨数按柱网轴线计算(两相邻柱轴线之间为一跨);

　　2.(××A)为一端有悬挑,(××B)为两端有悬挑,悬挑不计入跨数。

板带厚注写为 $h=×××$,板带宽注写为 $b=×××$。当无梁楼盖整体厚度和板带宽度已在图中注明时,此项可不注。贯通纵筋按板带下部和板带上部分别注写,并以 B 代表下部,T 代表上部,B&T 代表下部和上部。

当采用放射配筋时,设计者应注明配筋间距的度量位置,必要时补绘配筋平面图。

2)当局部区域的板面标高与整体不同时,应在无梁楼盖的板平法施工图上注明板面标高高差及分布范围。

(3)板带支座原位标注

1)板带支座原位标注的具体内容为:板带支座上部非贯通纵筋。以一段与板带同向的中粗实线段代表板带支座上部非贯通纵筋;对柱上板带,实线段贯穿柱上区域绘制;对跨中板带,实线段横贯柱网轴线绘制。在线段上注写钢筋编号(如①、②等)、配筋值及在线段的下方注写自支座中线向两侧跨内的伸出长度。当板带支座非贯通纵筋自支座中线向两侧对称伸出时,其伸出长度可仅在一侧标注;当配置在有悬挑端的边柱上时,该筋伸出到悬挑尽端,设计不注。当支座上部非贯通纵筋呈放射分布时,设计者应注明配筋间距的定位位置。不同部位的板带支座上部非贯通纵筋相同者,可仅在一个部位注写,其余则在代表非贯通纵筋的线段上注写编号。

2)当板带上部已经配有贯通纵筋,但需增加配置板带支座上部非贯通纵筋时,应结合已配同贯通纵筋的直径与间距,采取"隔一布一"的方式配置。

（4）暗梁的表示方法

1）暗梁平面注写包括暗梁集中标注、暗梁支座原位标注两部分内容。施工图中在柱轴线处画中粗虚线表示暗梁。

2）暗梁集中标注包括暗梁编号、暗梁截面尺寸（箍筋外皮宽度×板厚）、暗梁箍筋、暗梁上部通长筋或架立筋四部分内容。暗梁编号按表8-9规定。

表8-9　暗梁编号

构件类型	代号	序号	跨数及有无悬挑
暗梁	AL	××	（××）、（××A）或（××B）

注:1. 跨数按柱网轴线计算（两相邻柱轴线之间为一跨）;

　　2.（××A）为一端有悬挑,（××B）为两端有悬挑,悬挑不计入跨数。

3）暗梁支座原位标注包括梁支座上部纵筋、梁下部纵筋。当在暗梁上集中标注的内容不适用于某跨或某悬挑端时,则将其不同数值标注在该跨或该悬挑端,施工时按原位注写取值。

4）柱上板带标注的配筋仅设置在暗梁之外的柱上板带范围内。

5）暗梁中纵向钢筋连接、锚固及支座上部纵筋的伸出长度等要求同轴线处柱上板带中纵向钢筋。

3. 识图举例

实例1:某教学楼现浇板平法施工图（图8-28）

（1）图中阴影部分的板是建筑卫生间的位置,为防水的处理,将楼板降标高50mm。

（2）以轴Ⓐ～Ⓟ、①～②之间的现浇板来讲解,下部钢筋:横向受力钢筋为 ϕ10@150,是HPB300级钢,故末端做成180°弯钩;纵向受力钢筋为 ϕ12@150,是 HRB335 级钢,故末端为平直不做弯钩,图中所示端部斜钩仅表示该钢筋的断点,而实际施工摆放的是直钢筋。上部钢筋:与梁交接处设置负筋（俗称扣筋或上铁）①②③④号筋,其中①②号筋为 ϕ12@200,伸出梁外1200mm、③④号筋为 ϕ12@150,伸出梁轴线外1200mm,它们都是向下做90°直钩顶在板底。按规范要求,板下部钢筋伸入墙、梁的锚固长度不小于5d,尚应满足伸至支座中心线,且不小于100mm;上部钢筋伸入墙、梁内的长度按受拉钢筋锚固,其锚固长度不小于 l_a,末端做直钩。

实例2:某办公楼现浇板平法施工图（图8-29）

（1）编号 LB1,板厚 h=120mm。板下部钢筋为 B:X&Yϕ10@200,表示板下部钢筋两个方向均为 ϕ10@200,没有配上部贯通钢筋。板支座负筋采用原位标注,并给出编号,同一编号的钢筋,仅详细注写一个,其余只注写编号。

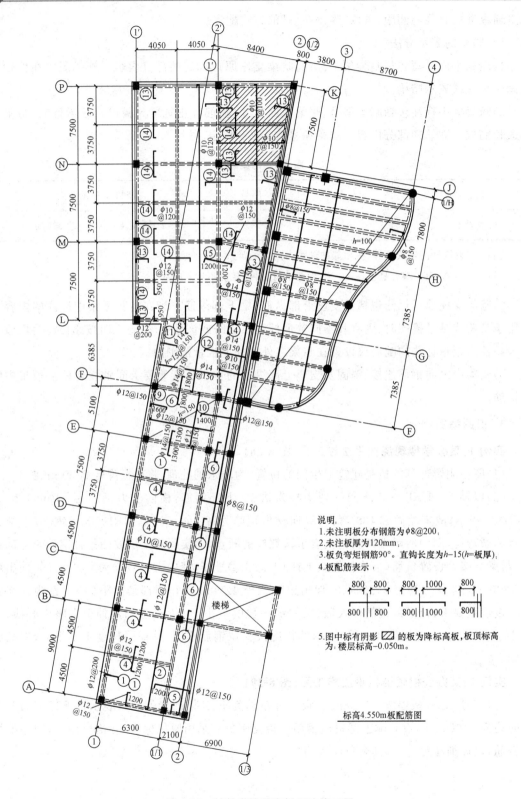

说明:
1.未注明板分布钢筋为φ8@200;
2.未注板厚为120mm;
3.板负弯矩钢筋90°。直钩长度为h-15(h=板厚);
4.板配筋表示:

5.图中标有阴影▨的板为降标高板,板顶标高为:楼层标高-0.050m。

标高4.550m板配筋图

图 8-28 某教学楼现浇板平法施工图

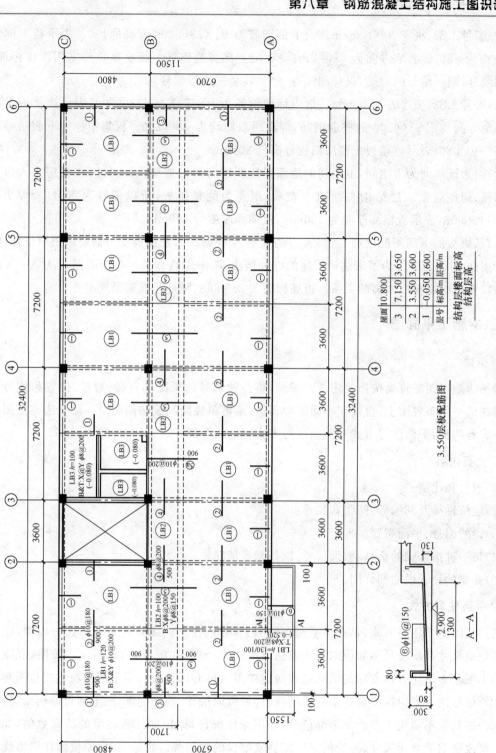

3.550层板配筋图

图8-29 某办公楼现浇板平法施工图

（2）编号 LB2，板厚 $h=100mm$。板下部钢筋为 B：$X\phi8@200$，$Y\phi8@150$。表示板下部钢筋 X 方向为 $\phi8@200$，Y 方向为 $\phi8@150$，没有配上部贯通钢筋。板支座负筋采用原位标注，并给出编号，同一编号的钢筋，仅详细注写一个，其余只注写编号。

（3）编号 LB3，板厚 $h=100mm$。集中标注钢筋为 B&T：X&$Y\phi8@200$，表示该楼板上部下部两个方向均配 $\phi8@200$ 的贯通钢筋，即双层双向均为 $\phi8@200$。板集中标注下面括号内的数字（-0.080）表示该楼板比楼层结构标高低 80mm。

（4）因为该房间为卫生间，卫生间的地面要比普通房间的地面低。另外，在楼房主入口处设有雨篷，雨篷应在二层结构平面图中表示，雨篷为纯悬挑板，所以编号为 XB1，板厚 $h=$ 130mm/100mm，表示板根部厚度为 130mm，板端部厚度为 100mm。

（5）悬挑板的下部不配钢筋，上部 X 方向通筋为 $\phi8@200$，悬挑板受力钢筋采用原位标注，即⑥号钢筋 $\phi10@150$。为了表达该雨篷的详细做法，图中还画有 A—A 断面图。从 A—A 断面图可以看出雨篷与框架梁的关系。板底标高为 2.900m，刚好与框架梁底平齐。

二、梁施工平面图

1. 概述

梁平法施工图是将梁按照一定规律编号，将各种编号的梁配筋直径、数量、位置和代号一起注写在梁平面布置图上，直接在平面图中表达，不再单独绘制梁的剖面图。梁平法施工图的表达方式有两种：平面注写方式和截面注写方式。

2. 主要内容

（1）图名和比例。

（2）定位轴线及其编号、间距和尺寸。

（3）梁的编号、平面布置。

（4）每一种编号梁的标高、截面尺寸、钢筋配置情况。

（5）必要的设计说明和详图。

3. 平面注写方式

梁施工图平面注写方式，是在梁平面布置图上，分别在不同编号的梁中各选一根梁，在其上注写截面尺寸和配筋具体数值的方法表达梁平法配筋图，如图 8-30（a）所示。按照《混凝土结构施工图平面整体表示方法制图规则和构造详图》（11 G101—1），梁平面注写方式包括集中标注和原位标注。集中标注表达梁的通用数值，如截面尺寸、箍筋配置、梁上部贯通钢筋等；当集中标注的数值不适用于梁的某个部位时，采用原位标注，原位标注表达梁的特殊数值，如梁在某一跨改变的梁截面尺寸、该处的梁底配筋或增设的钢筋等。在施工时，原位标注取值优先于集中标注。

图 8-30（b）是与梁平法施工图对应的传统表达方法，要在梁上不同的位置剖断并绘制断面图来表达梁的截面尺寸和配筋情况，而采用"平法"就不需要了。

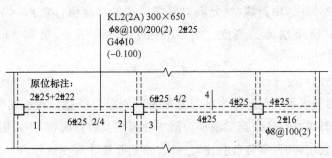

(a)平面注写方式(标高单位为m)

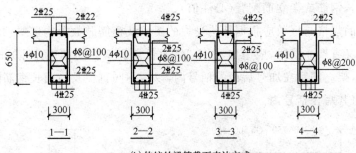

(b)传统的梁筋截面表达方式

图 8-30 梁平面注写方式(单位:mm)

(1)梁的集中标注

1)梁的编号(必注值)。

梁编号有梁类型代号、序号、跨数及有无悬挑代号组成,应符合表 8-10 的规定。

表 8-10 梁编号

梁类型	代号	序号	跨数及是否有悬挑
楼层框架梁	KL	××	(××)、(××A)或(××B)
屋面框架梁	WKL	××	(××)、(××A)或(××B)
框支梁	KZL	××	(××)、(××A)或(××B)
非框架梁	L	××	(××)、(××A)或(××B)
悬挑梁	XL	××	
井字梁	JZL	××	(××)、(××A)或(××B)

注:(××A)为一端有悬挑,(××B)为两端有悬挑,悬挑不计入跨数。

2)梁截面尺寸(必注值)。

当为等截面梁时,用 $b \times h$ 表示;当为加腋梁时,用 $b \times h$,$Yc_1 \times c_2$ 表示,Y 是加腋的标志,c_1 是腋长,c_2 是腋高。图 8-31(a)中,梁跨中截面为 $300 \text{mm} \times 750 \text{mm}$($b \times h$),梁两端加腋,腋长 500mm,腋高 250mm,因此该梁表示为:$300 \text{mm} \times 750 \text{mm} Y 500 \text{mm} \times 250 \text{mm}$。当有悬挑梁且根

部和端部截面高度不同时,用斜线"/"分隔根部与端部的高度值,即为 $b \times h_1/h_2$，b 为梁宽，h_1 指梁根部的高度，h_2 指梁端部的高度。图 8-31(b) 中的悬挑梁,梁宽 300mm,梁高从根部 700mm 减小到端部的 500mm。

3)梁箍筋(必注值)。

梁箍筋,包括钢筋级别、直径、加密区与非加密区间距与肢数。箍筋加密区与非加密区的不同间距与肢数用斜线"/"分隔;当梁箍筋为同一种间距及肢数时,则不需用斜线;当加密区与非加密区的箍筋肢数相同时,则将肢数注写一次;箍筋肢数注写在括号内。加密区的长度范围则根据梁的抗震等级见相应的标准构造详图。

4)梁上部通长钢筋或架立筋配置(必注值)。

这里所标注的规格与根数应根据结构受力的要求及箍筋肢数等构造要求而定。当同排纵筋中既有通长筋又有架立筋时,应用加号"+"将通长筋和架立筋相连。注写时需将角部纵筋写在加号的前面,架立筋写在加号后面的括号内,以示不同直径及与通长钢筋的区别。当全部是架立筋时,则将其写在括号内。

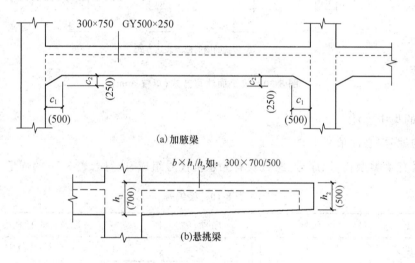

图 8-31　梁截面尺寸注写(单位:mm)

如果梁的上部纵筋和下部纵筋均为贯通筋,且多数跨相同时,也可将梁上部和下部贯通筋同时注写,中间用";"分隔,如"3Φ22;3Φ20",表示梁上部配置 3Φ22 通长钢筋,梁的下部配置 3Φ20 通长钢筋。

5)梁侧面纵向构造钢筋或受扭钢筋的配置(必注值)。

当梁腹板高度大于 450mm 时,需配置梁侧纵向构造钢筋,其数量及规格应符合规范要求。注写此项时以大写字母 G 打头,接续注写设置在梁两个侧面的总配筋值,且对称配置,如 G4Φ12 表示梁的两个侧面共配置 4Φ12 的纵向构造钢筋,每侧配置 2Φ12。当梁侧面需要配置受扭纵向钢筋时,此项注写时以大写字母 N 打头,接续注写设置在梁两个侧面的总配筋值,且对称配置。受扭纵向钢筋应满足侧面纵向构造钢筋的间距要求,且不再重复配置纵向构造钢筋,如 N6⊉22,表示梁的两个侧面共配置 6⊉22 的受扭纵向钢筋,每侧配置 3⊉22。

6)梁顶面标高差(选注项)。

梁顶面标高差指梁顶面相对于结构层楼面标高的差值,用括号括起。当梁顶面高于楼面结构标高时,其标高高差为正值,反之为负值。如果两者没有高差,则没有此项。例如:"(-0.100)"表示该梁顶面比楼面标高低 0.1m,如果是(0.100)则表示该梁顶面比楼面标高高 0.1m。

(2)梁的原位标注

1)梁支座上部纵筋的数量、级别和规格,其中包括上部贯通钢筋,写在梁的上方,并靠近支座。当上部纵筋多于一排时,用"/"将各排纵筋分开,如 6⊉25 4/2 表示上排纵筋为 4⊉25,下排纵筋为 2⊉25;如果是 4⊉25/2⊉22 则表示上排纵筋为 4⊉25,下排纵筋为 2⊉22。当同排纵筋有两种直径时,用"+"将两种直径的纵筋连在一起,注写时将角部纵筋写在前面。如梁支座上部有四根纵筋,2⊉25 放在角部,2⊉22 放在中部,则应注写为 2⊉25+2⊉22;又如 4⊉25+2⊉22/4⊉22 表示梁支座上部共有十根纵筋,上排纵筋为 4⊉25 和 2⊉22,4⊉25 中有两根放在角部,另 2⊉25 和 2⊉22 放在中部,下排还有 4⊉22。当梁中间支座两边的上部钢筋不同时,需在支座两边分别注写;当梁中间支座两边的上部钢筋相同时,可仅在支座的一边标注配筋值,另一边省去不注。

2)梁的下部纵筋的数量、级别和规格,写在梁的下方,并靠近跨中处。当下部纵筋多于一排时,用"/"将各排纵筋分开,如 6⊉25 2/4 表示上排纵筋为 2⊉25,下排纵筋为 4⊉25;如果是 2⊉20/3⊉25 则表示上排纵筋为 2⊉20,下排纵筋为 3⊉25。当同排纵筋有两种直径时,用"+"将两种直径的纵筋连在一起,注写时将角部纵筋写在前面。如梁下部有四根纵筋,2⊉25 放在角部,2⊉22 放在中部,则应注写为 2⊉25+2⊉22;又如 3⊉22/3⊉25+2⊉22 表示梁下部共有八根纵筋,上排纵筋为 3⊉22,下排纵筋为 3⊉25 和 2⊉22,3⊉25 中有两根放在角部。如果梁的集中标注中已经注写了梁上部和下部均为通长钢筋的数值时,则不在梁下部重复注写原位标注。

3)附加箍筋或吊筋。在主次梁交接处,有时要设置附加箍筋或吊筋,可直接画在平面图中的主梁上,并引注总配筋值,如图 8-32 所示。当多数附加箍筋或吊筋相同时,可在梁平法施工图上统一注明,少数与统一注明值不同时,再原位引注。

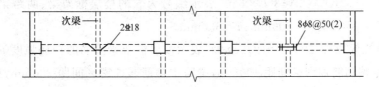

图 8-32　附加箍筋或吊筋画法(单位:mm)

4)当在梁上集中标注的内容(即梁截面尺寸、箍筋、上部通长筋或架立筋、梁侧面纵向构造钢筋或受扭纵向钢筋,以及梁顶面标高高差中的某一项或几项数值)不适用于某跨或某悬挑部位时,则将其不同的数值原位标注在该跨或该悬挑部位,施工的时候应按原位标注的数值优先取用,这一点是值得注意的。

4. 截面注写方式

截面注写方式,是在分标准层绘制的梁平面布置图上,分别在不同编号的梁中各选择一根梁用剖面号引出配筋图,并在其上注写截面尺寸和配筋(上部筋、下部筋、箍筋和侧面构造筋)具体数值的方式来表达梁平法施工图。截面注写方式可以单独使用,也可与平面注写方式结合使用。

5. 识图步骤

(1)查看图名、比例。

(2)校核轴线编号及间距尺寸,必须与建筑图、基础平面图、柱平面图保持一致。

(3)与建筑图配合,明确各梁的编号、数量及位置。

(4)阅读结构设计总说明或有关分页专项说明,明确各标高范围剪力墙混凝土的强度等级。

(5)根据各梁的编号,查对图中标注或截面标注,明确梁的标高、截面尺寸和配筋。再根据抗震等级、标准构造要求确定纵向钢筋、箍筋和吊筋的构造要求(包括纵向钢筋锚固搭接长度、切断位置、连接方式、弯折要求,箍筋加密区范围等)。

6. 识图举例

实例 1:某梁原位标注施工图(图 8-33)

(1)图(a)中"6Φ22 4/2"表示梁支座上部自上而下第一排放置 4Φ22,第二排放置 2Φ22。

(2)图(b)中,若梁上部同排纵筋内钢筋规格不同时,不同规格的钢筋之间用加号"+"相连。

(3)图(c)中,梁中间支座两边的上部纵筋配置不同时,必须在梁支座两边分别注明;当梁中间支座两边的纵筋配置相同时,可以仅在梁支座的某一边标注纵筋的规格及数量,另一边省略不注。

(4)图(d)中,"6Φ22 2/4"表示楼层框架梁下部配置两排纵筋,上一排配筋为 2Φ20,下一排配筋为 4Φ20,上下两排纵筋全部伸入支座内。

(5)图(e)中,梁下部注写"6Φ20 2(−2)/4"表示梁底上排放置纵筋 2Φ20,并且不伸入支座,下排纵筋 4Φ20 全部伸入支座。

实例 2:某梁集中标注施工图(图 8-34)

(1)图中第一行"KL5(2A)300×650"表示编号为 5 的楼层框架梁、两跨梁、梁的一端悬挑,梁的截面尺寸 $b×h$ 为 $b=300$mm,$h=650$mm。

(2)图中第二行"ϕ8@100/200(2)2Φ22"表示楼层框架梁箍筋的钢筋强度等级为Ⅰ级,钢筋直径 8mm,梁端箍筋加密区间距 100mm,梁跨中箍筋非加密区间距 200mm,梁箍筋采用两肢箍 2Φ22 表示楼层框架梁顶部配置 2 根钢筋强度等级Ⅱ级、直径为 22mm 的通长钢筋。

(3)图中第三行"G4Φ10",G 代表构造配筋,梁两侧面中部共配置(均匀布置)4 根钢筋强度等级为Ⅱ级、钢筋直径为 10mm 的通长构造钢筋,梁每个侧面中部各配置 2 根。

(4)图中第四行"(−0.100)"表示楼层框架梁顶标高低于框架梁所在结构层楼面标高0.1m(即结构层楼面标高为 a,则楼层框架梁顶面标高为 $a−0.1$m)。

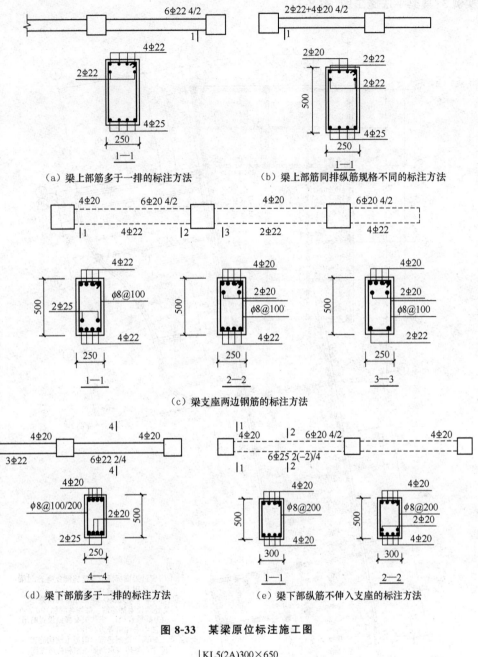

（a）梁上部筋多于一排的标注方法　　　（b）梁上部筋同排纵筋规格不同的标注方法

（c）梁支座两边钢筋的标注方法

（d）梁下部筋多于一排的标注方法　　　（e）梁下部纵筋不伸入支座的标注方法

图 8-33　某梁原位标注施工图

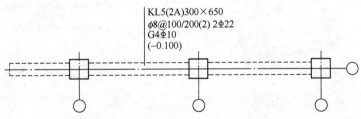

图 8-34　某梁集中标注施工图

实例 3：某梁平法施工图(图 8-35)

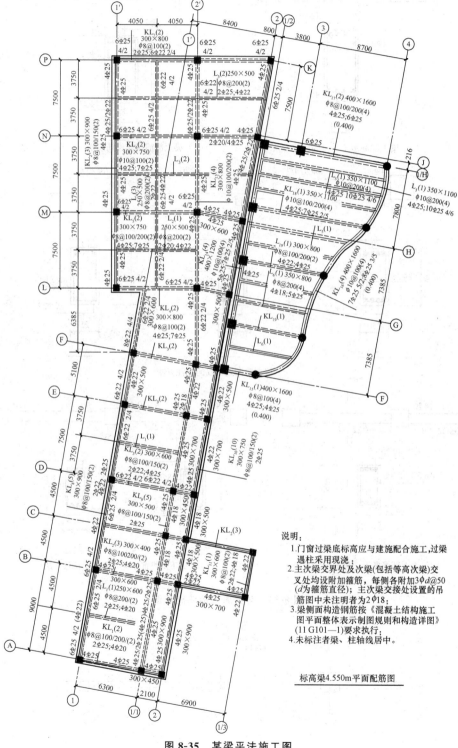

说明：
1. 门窗过梁底标高应与建施配合施工,过梁遇柱采用现浇。
2. 主次梁交界处及次梁(包括等高次梁)交叉处均设附加箍筋,每侧各附加3φd@50 (d为箍筋直径);主次梁交接处设置的吊筋图中未注明者为2φ18。
3. 梁侧面构造钢筋按《混凝土结构施工图平面整体表示制图规则和构造详图》 (11 G101—1)要求执行。
4. 未标注者梁、柱轴线居中。

标高梁4.550m平面配筋图

图 8-35 某梁平法施工图

(1)图中的图号为某办公楼结构施工图—06,绘制比例为1∶100。

(2)图中框架梁(KL)编号从KL1至KL20,非框架梁(L)编号从L1至L10。

(3)KL8(5)是位于①轴的框架梁,5跨,断面尺寸300mm×900mm(个别跨与集中标注不同者原位注写,如300mm×500mm、300mm×600mm);2Φ22为梁上部通长钢筋,箍筋ϕ8@100/150(2)为双肢箍,梁端加密区间距为100mm,非加密区间距150mm;G6Φ14表示梁两侧面各设置3Φ14构造钢筋(腰筋);支座负弯矩钢筋:A轴支座处为两排,上排4Φ22(其中2Φ22为通长钢筋),下排2Φ22;B轴支座处为两排,上排4Φ22(其中2Φ22为通长钢筋),下排2Φ25,其他支座这里不再赘述。值得注意的是,该梁的第一、二跨两跨上方都原位注写了"(4Φ22)",表示这两跨的梁上部通长钢筋与集中标注的不同,不是2Φ22,而是4Φ22;梁断面下部纵向钢筋每跨各不相同,分别原位注写,如双排的6Φ25 2/4、单排的4Φ22等。由标准构造详图,可以计算出梁中纵筋的锚固长度,如第一支座上部负弯矩钢筋在边柱内的锚固长度l_{aE}=31d=31×22=682(mm);支座处上部钢筋的截断位置(上排取净跨的1/3,下排取净跨的1/4);梁端箍筋加密区长度为1.5倍梁高。另外还可以看到,该梁的前三跨在有次梁的位置都设置了吊筋2Φ18(图中画出)和附加箍筋3ϕd@50(图中未画出但说明中指出),从距次梁边50mm处开始设置。

(4)KL16(4)是位于④轴的框架梁,该梁为弧梁,4跨,断面尺寸400mm×1600mm;7Φ25为梁上部通长钢筋,箍筋ϕ10@100(4)为四肢箍且沿梁全长加密,间距为100mm;N10Φ16表示梁两侧面各设置5Φ16受扭钢筋(与构造腰筋区别是两者的锚固不同);支座负弯矩钢筋:未见原位标注,表明都按照通长钢筋设置,即7Φ25 5/2,分为两排,上排5Φ25,下排2Φ25;梁断面下部纵向钢筋各跨相同,统一集中注写,8Φ25 3/5,分为两排,上排3Φ25,下排5Φ25。由标准构造详图,可以计算出梁中纵筋的锚固长度,如第一支座上部负弯矩钢筋在边柱内的锚固长度l_{aE}=31d=31×22=682(mm);支座处上部钢筋的截断位置;梁端箍筋加密区长度为1.5倍梁高。另外还可以看到,此梁在有次梁的位置都设置了吊筋2Φ18(图中画出)和附加箍筋3ϕd@50(图中未画出但说明中指出),从距次梁边50mm处开始设置;集中标注下方的"(0.400)"表示此梁的顶标高较楼面标高为400mm。

(5)L4(3)是位于①′~②′轴间的非框架梁,3跨,断面尺寸250mm×500mm;2Φ22为梁上部通长钢筋,箍筋ϕ8@200(2)为双肢箍且沿梁全长间距为200mm;支座负弯矩钢筋:6ϕ22 4/2,分为两排,上排4Φ22,下排2Φ22;梁断面下部纵向钢筋各跨不相同,分别原位注写6ϕ22 2/4和4ϕ22。由标准构造详图,可以计算出梁中纵筋的锚固长度(次梁不考虑抗震,因此按非抗震锚固长度取用),如梁底筋在主梁中的锚固长度l_a=15d=15×22=330(mm);支座处上部钢筋的截断位置在距支座三分之一净跨处。

(6)L5(1)是位于H~1/H轴间的非框架梁,1跨,断面尺寸350mm×1100mm;4ϕ25为梁上部通长钢筋,箍筋ϕ10@200(4)为四肢箍且沿梁全长间距为200mm;支座负弯矩钢筋:同梁上部通长筋,一排4ϕ25;梁断面下部纵向钢筋为10ϕ25 4/6,分为两排,上排4ϕ25,下排6ϕ25。由标准构造详图,可以计算出梁中纵筋的锚固长度(次梁不考虑抗震,因此按非抗震锚固长度取用),如梁底筋在主梁中的锚固长度l_a=15d=15×22=330(mm);支座处上部钢筋的截断位置在距支座三分之一净跨处。

三、剪力墙施工平面图

1. 主要内容

①图名和比例。

②定位轴线及其编号、间距和尺寸。

③剪力墙柱、剪力墙身、剪力墙梁的编号、平面布置。

④每一种编号剪力墙柱、剪力墙身、剪力墙梁的标高、截面尺寸、钢筋配置情况。

⑤必要的设计说明和详图。

2. 注写方式

(1)截面注写方式

截面注写方式(图 8-36)是在分标准层绘制的剪力墙平面布置图上,以直接在墙柱、墙身、墙梁上注写截面尺寸和配筋具体数值的方式来表达剪力墙平法施工图。在剪力墙平面布置图上,在相同编号的墙柱、墙身、墙梁中选择一根墙柱、一道墙身、一个墙梁,以适当的比例原位将其放大进行注写。

1)剪力墙柱注写的内容有:绘制截面配筋图,并标注截面尺寸、全部纵向钢筋和箍筋的具体数值。

2)剪力墙身注写的内容有:依次引注墙身编号(应包括注写在括号内墙身所配置的水平分布钢筋和竖向分布钢筋的排数)、墙厚尺寸、水平分布筋、竖向分布钢筋和拉筋的具体数值。

3)剪力墙梁注写的内容有:

①从相同编号的墙柱中选择一个截面,注明几何尺寸,标注全部纵筋及箍筋的具体数值。约束边缘构件除需注明阴影部分具体尺寸外,还需注明约束边缘构件沿墙肢长度 l_c,约束边缘翼墙中沿墙肢长度尺寸为 $2b_f$ 时可不注,除注写阴影部位的箍筋外,还需注写非阴影区内布置的拉筋或箍筋。设计施工时应注意,当约束边缘构件体积配箍率计算中计入墙身水平分布钢筋在阴影区域内设置的拉筋,施工时,墙身水平分布钢筋应注意采用相应的构造做法。

②从相同编号的墙身中选择一道墙身,按顺序引注的内容为:墙身编号(应包括注写在括号内墙身所配置的水平与竖向分布钢筋的排数)、墙厚尺寸,水平分布钢筋、竖向分布钢筋和拉筋的具体数值。

③从相关编号的墙梁中选择一根墙梁,按顺序引注的内容为:注写墙梁编号、墙梁截面尺寸 $b×h$、墙梁箍筋、上部纵筋、下部纵筋和墙梁顶面标高高差的具体数值。当连梁设有对角暗撑时[代号为 LL(JC)××]。当连梁设有集中对角斜筋时[代号为 LL(JX)××]。当连梁设有集中对角斜筋时[代号为 LL(DX)××]。当墙身水平分布钢筋不能满足连梁、暗梁及边框梁的梁侧面纵向构造钢筋的要求时,应补充注明梁侧面纵筋的具体数值;注写时,以大写字母 N 打头,接续注写直径与间距。其在支座内的锚固要求同连梁中受力钢筋。

(2)列表注写方式

1)列表注写方式,如图 8-37 所示。为表达清楚、简便,剪力墙可视为由剪力墙柱、剪力墙身和剪力墙梁三类构件构成。列表注写方式,是分别在剪力墙柱表、剪力墙身表和剪力墙梁表中,对应于剪力墙平面布置图上的编号,用绘制截面配筋图并注写几何尺寸与配筋具体数值的方式,来表达剪力墙平法施工图,见表 8-11。

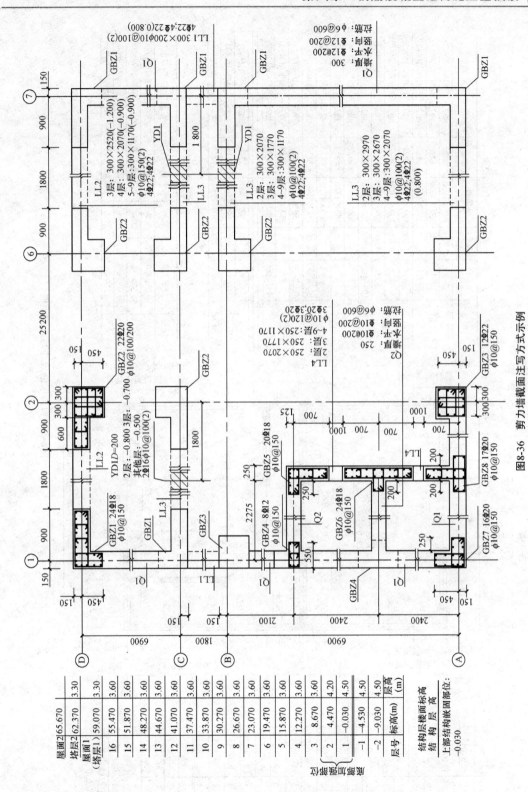

图8-36　剪力墙截面注写方式示例

剪力墙梁表

编号	所在楼层号	梁顶相对标高高差	梁截面 b×h	上部纵筋	下部纵筋	箍筋
LL1	2~9	0.800	300×2000	4Φ22	4Φ22	Φ10@100(2)
	10~16	0.800	250×2000	4Φ20	4Φ20	Φ10@100(2)
	屋面1		250×1200	4Φ20	4Φ20	Φ10@100(2)
LL2	3	-1.200	300×2520	4Φ22	4Φ22	Φ10@150(2)
	4	-0.900	300×2070	4Φ22	4Φ22	Φ10@150(2)
	5~9	-0.900	250×1770	3Φ22	3Φ22	Φ10@150(2)
	10~屋面1	-0.900	250×1770	4Φ22	4Φ22	Φ10@100(2)
LL3	2		300×2070	4Φ22	4Φ22	Φ10@100(2)
	3		300×1770	4Φ22	4Φ22	Φ10@100(2)
	4~9		250×1170	3Φ22	3Φ22	Φ10@120(2)
	10~屋面1		250×1170	3Φ20	3Φ20	Φ10@120(2)
LL4	2		250×2070	3Φ20	3Φ20	Φ10@120(2)
	3		250×1770	3Φ20	3Φ20	Φ10@120(2)
	4~屋面1		250×1170	4Φ22	4Φ22	Φ10@100(2)
AL1	2~9		300×600	3Φ20	3Φ20	Φ8@150(2)
	10~16		250×500	3Φ18	3Φ18	Φ8@150(2)
BKL1	屋面1		500×750	4Φ22	4Φ22	Φ10@150(2)

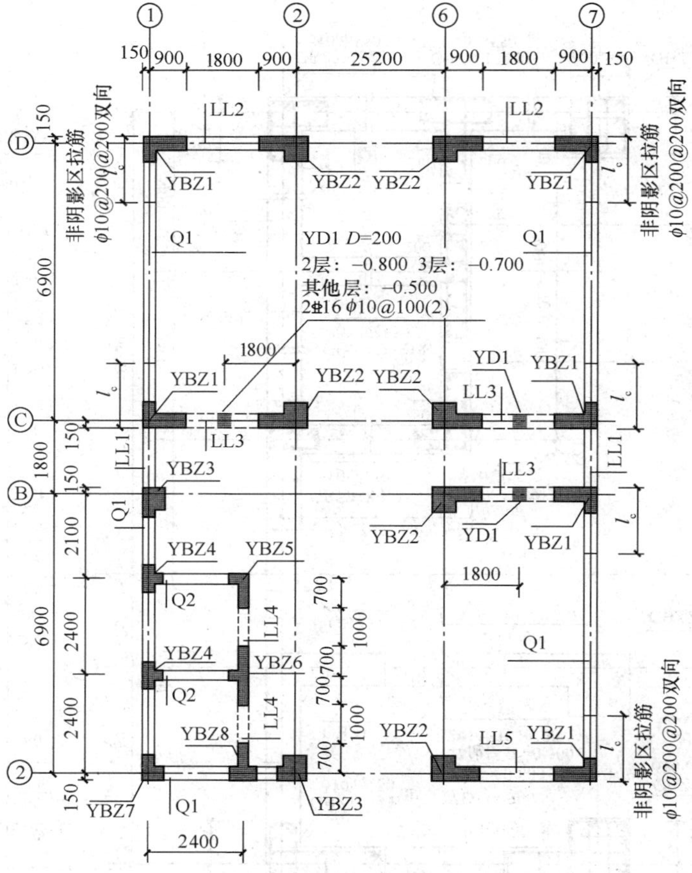

剪力墙身表

编号	标高	墙厚	水平分布筋	垂直分布筋	拉筋(双向)
Q1	-0.030~30.270	300	Φ12@200	Φ12@200	Φ6@600@600
	30.270~59.070	250	Φ10@200	Φ10@200	Φ6@600@600
Q2	-0.030~30.270	250	Φ10@200	Φ10@200	Φ6@600@600
	30.270~59.070	200	Φ10@200	Φ10@200	Φ6@600@600

层号	结构层楼面标高 结构层高(m)
屋面2(塔层2)	65.670
屋面1(塔层1)	62.370　3.30
16	59.070　3.30
15	55.470　3.60
14	51.870　3.60
13	48.270　3.60
12	44.670　3.60
11	41.070　3.60
10	37.470　3.60
9	33.870　3.60
8	30.270　3.60
7	26.670　3.60
6	23.070　3.60
5	19.470　3.60
4	15.870　3.60
3	12.270　3.60
2	8.670　4.20
1	4.470　4.50
-1	-0.030　4.50
-2	-4.530　4.50
	-9.030

上部结构嵌固部位：-0.030

图8-37　剪力墙列表注写方式示例

表 8-11　剪力墙的表达内容

项目	内　　容
在剪力墙柱表中表达的内容	(1)注写墙柱编号,绘制该墙柱的截面配筋图,标注墙柱几何尺寸。约束边缘构件需注明阴影部分尺寸。构造边缘构件需注明阴影部分尺寸。扶壁柱及非边缘暗柱需标注几何尺寸; (2)注写各段墙柱的起止标高,自墙柱根部往上以变截面位置或截面未变但配筋改变处为界分段注写。墙柱根部标高一般指基础顶面标高(部分框支剪力墙结构则为框支梁顶面标高); (3)注写各段墙柱的纵向钢筋和箍筋,注写值应与在表中绘制的截面配筋图对应一致。纵向钢筋注总配筋值;墙柱箍筋的注写方式与柱箍筋相同。约束边缘构件除注写阴影部位的箍筋外,还需在剪力墙平面布置图中注写非阴影区内布置的拉筋(或箍筋)。设计施工时应注意,当约束边缘构件体积配箍率计算中计入墙身水平分布钢筋时,设计者应注明。此时还应注明墙身水平分布钢筋在阴影区域内设置的拉筋。施工时,墙身水平分布钢筋应注意采用相应的构造做法。当非阴影区外圈设置箍筋时,设计者应注明箍筋的具体数值及其余拉筋。施工时,箍筋应包住阴影区内第二列竖向纵筋。当设计采用与本构造详图不同的做法时,应另行注明
在剪力墙身表中表达的内容	(1)注写墙身编号(含水平与竖向分布钢筋的排数); (2)注写各段墙身起止标高,自墙身根部往上以变截面位置或截面未变但配筋改变处为界分段注写。墙身根部标高一般指基础顶面标高(部分框支剪力墙结构则为框支梁的顶面标高); (3)注写水平分布钢筋、竖向分布钢筋和拉筋的具体数值。注写数值为一排水平分布钢筋和竖向分布钢筋的规格与间距,具体设置几排已经在墙身编号后面表达。拉筋应注明布置方式"双向"或"梅花双向",如图 8-38 所示(图中 a 为竖向分布钢筋间距,b 为水平分布钢筋间距)
在剪力墙梁表中表达的内容	(1)注写墙梁编号; (2)注写墙梁所在楼层号; (3)注写墙梁顶面标高高差,是指相对于墙梁所在结构层楼面标高的高差值。高于者为正值,低于者为负值,当无高差时不注; (4)注写墙梁截面尺寸 $b \times h$,上部纵筋、下部纵筋和箍筋的具体数值; (5)当连梁设有对角暗撑时[代号为 LL(JC)××],注写暗撑的截面尺寸(箍筋外皮尺寸);注写一根暗撑的全部纵筋,并标注 ×2 表明有两根暗撑相互交叉;注写暗撑箍筋的具体数值; (6)当连梁设有交叉斜筋时[代号为 LL(JX)××],注写连梁一侧对角斜筋的配筋值,并标注 ×2 表明对称设置;注写对角斜筋在连梁端部设置的拉筋根数、规格及直径,并标注 ×4 表示四个角都设置;注写连梁一侧折线筋配筋值,并标注 ×2 表明对称设置;

项 目	内 容
在剪力墙梁表中表达的内容	(7)当连梁设有集中对角斜筋时[代号为 LL(DX)××],注写一条对角线上的对角斜筋,并标注×2表明对称设置。墙梁侧面纵筋的配置,当墙身水平分布钢筋满足连梁、暗梁及边框梁的梁侧面纵向构造钢筋的要求时,该筋配置同墙身水平分布钢筋,表中不注,施工按标准构造详图的要求即可;当不满足时,应在表中补充注明梁侧面纵筋的具体数值(其在支座内的锚固要求同连梁中受力钢筋)

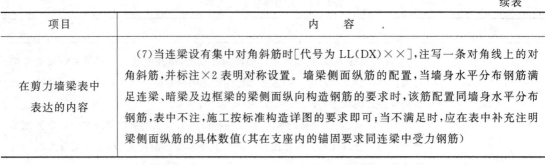

(a)拉筋@3a3b双向(a≤200、b≤200)　　　(b)拉筋@4a4b梅花双向(a≤150、b≤150)

图 8-38　双向拉筋与梅花双向拉筋示意

2)编号规定:将剪力墙按剪力墙柱、剪力墙身、剪力墙梁(简称为墙柱、墙身、墙梁)三类构件分别编号。

①墙柱编号,由墙柱类型代号和序号组成,表达形式应符合表 8-12 的规定。

表 8-12　墙柱编号

墙柱类型	代号	序号
约束边缘构件	YBZ	××
构造边缘构件	GBZ	××
非边缘暗柱	AZ	××
扶壁柱	FBZ	××

注:约束边缘构件包括约束边缘暗柱、约束边缘端柱、约束边缘翼墙、约束边缘转角墙四种(图 8-39)。构造边缘构件包括构造边缘暗柱、构造边缘端柱、构造边缘翼墙、构造边缘转角墙四种(图 8-40)。

②墙身编号,由墙身代号、序号以及墙身所配置的水平与竖向分布钢筋的排数组成,其中,排数注写在括号内。表达形式为:Q××(×排)。

③墙梁编号,由墙梁类型代号和序号组成,表达形式应符合表 8-13 的规定。

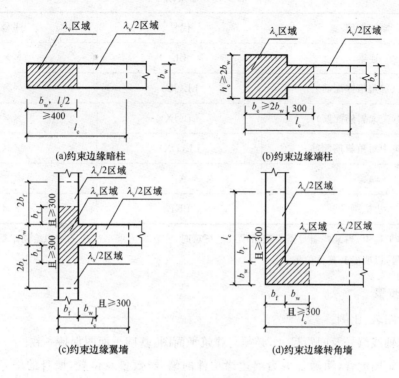

图 8-39　约束边缘构件

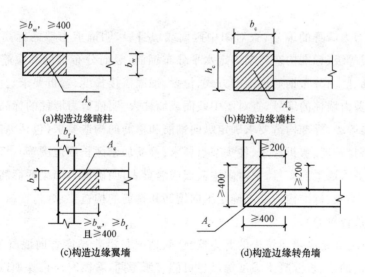

图 8-40　构造边缘构件

表 8-13 墙梁编号

墙柱类型	代号	序号
连梁	LL	××
连梁(对角暗撑配筋)	LL(JC)	××
连梁(交叉斜筋配筋)	LL(JX)	××
连梁(集中对角斜筋配筋)	LL(DX)	××
暗梁	AL	××
边框梁	BKL	××

注:在具体工程中,当某些墙身需设置暗梁或边框梁时,宜在剪力墙平法施工图中绘制暗梁或边框梁的平面布置图并编号,以明确其具体位置。

3. 识图步骤

(1)查看图名、比例。

(2)校核轴线编号及间距尺寸,必须与建筑平面图、基础平面图保持一致。

(3)与建筑图配合,明确各剪力墙边缘构件的编号、数量及位置,墙身的编号、尺寸、洞口位置。

(4)阅读结构设计总说明或有关分页专项说明,明确各标高范围剪力墙混凝土的强度等级。

(5)根据各剪力墙身的编号,查对图中截面或墙身表,明确剪力墙的标高、截面尺寸和配筋。再根据抗震等级、标准构造要求确定水平分布钢筋、竖向分布钢筋和拉筋的构造要求(包括水平分布钢筋、竖向分布钢筋连接的方式、位置、锚固搭接长度、弯折要求)。

(6)根据各剪力墙柱的编号,查对图中截面或墙柱表,明确剪力墙柱的标高、截面尺寸和配筋。再根据抗震等级、标准构造要求确定纵向钢筋和箍筋的构造要求(包括纵向钢筋连接的方式、位置、锚固搭接长度、弯折要求、柱头节点要求;箍筋加密区长度范围等)。

(7)根据各剪力墙梁的编号,查对图中截面或墙梁表,明确剪力墙梁的标高、截面尺寸和配筋。再根据抗震等级、标准构造要求确定纵向钢筋和箍筋的构造要求(包括纵向钢筋锚固搭接长度、箍筋的摆放位置等)。

(8)剪力墙(尤其是高层建筑中的剪力墙)一般情况是沿着高度方向混凝土强度等级不断变化的;每层楼面的梁、板混凝土强度等级也可能有所不同,看图时应格外加以注意,避免出现错误。

4. 识图举例

实例:某教学楼现浇板平法施工图(图 8-41)

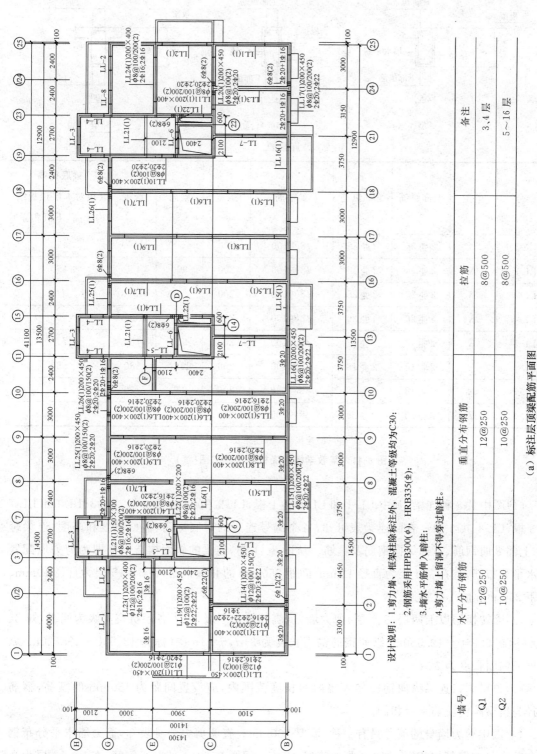

图8-41 某教学楼现浇板平法施工图

（a）标注层顶梁配筋平面图

墙号	水平分布钢筋	垂直分布钢筋	拉筋	备注
Q1	12@250	12@250	8@500	3,4层
Q2	10@250	10@250	8@500	5～16层

设计说明：1.剪力墙、框架柱除标注外，混凝土等级均为C30；

2.钢筋采用HPB300(φ)，HRB335(Φ)；

3.墙水平筋伸入暗柱；

4.剪力墙上留洞不得穿过暗柱。

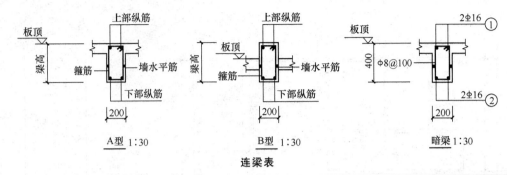

连梁表

梁号	类型	上部纵筋	下部纵筋	梁箍筋	梁宽	梁高	跨度	梁底标高（相对本层顶板结构标高，下沉为正）
LL-1	B	2 ϕ 25	2 ϕ 25	ϕ8@100	200	1500	1400	450
LL-2	A	2 ϕ 18	2 ϕ 18	ϕ8@100	200	900	450	450
LL-3	B	2 ϕ 25	2 ϕ 25	ϕ8@100	200	1200	1300	1800
LL-4	A	4 ϕ 20	4 ϕ 20	ϕ8@100	200	800	1800	0
LL-5	A	2 ϕ 18	2 ϕ 18	ϕ8@100	200	900	750	750
LL-6	A	2 ϕ 18	2 ϕ 18	ϕ8@100	200	1100	580	580
LL-7	A	2 ϕ 18	2 ϕ 18	ϕ8@100	200	900	750	750
LL-8	B	2 ϕ 25	2 ϕ 25	ϕ8@100	200	900	1800	1350

(b)连接类型和连梁表

图 8-41 某教学楼现浇板平法施工图(续)

(1)图中共8种连梁,其中LL-1和LL-8各1根,LL-2和LL-5各2根,LL-3、LL-6和LL-7各3根,LL-4共6根。查阅连梁表可知,各个编号连梁的梁底标高、截面宽度和高度、连梁跨度、上部纵向钢筋、下部纵向钢筋及箍筋。从图8-41知,连梁的侧面构造钢筋即为剪力墙配置的水平分布筋,其在3、4层为直径12mm、间距250mm的Ⅱ级钢筋,在5~16层为直径10mm、间距250 mm的Ⅰ级钢筋。

(2)因转换层以上两层(3、4层)剪力墙,抗震等级为三级,以上各层抗震等级为四级,知3、4层(标高6.950~12.550m)纵向钢筋锚固长度为31d,5~16层(标高12.550~49.120m)纵向钢筋锚固长度为30d。

(3)顶层洞口连梁纵向钢筋伸入墙内的长度范围内,应设置间距为150mm的箍筋,箍筋直径与连梁跨内箍筋直径相同。

(4)图中剪力墙身的编号只有一种,墙厚200mm。查阅剪力墙身表知,剪力墙水平分布钢筋和垂直分布钢筋均相同,在3、4层为直径12mm、间距250mm的Ⅱ级钢筋,在5~16层为直径10mm、间距250mm的Ⅰ级钢筋。拉筋为直径8mm的Ⅰ级钢筋,间距为500mm。

（5）因转换层以上两层（3、4 层）剪力墙，抗震等级为三级，以上各层抗震等级为四级，知 3、4 层（标高 6.950～12.550m）墙身竖向钢筋在转换梁内的锚固长度不小于 l_{aE}，水平分布筋锚固长度 l_{aE} 为 31d，5～16 层（标高 12.550～49.120m）水平分布筋锚固长度 l_{aE} 为 24d，各层搭接长度为 1.4l_{aE}；3、4 层（标高 6.950～12.550m）水平分布筋锚固长度 l_{aE} 为 31d，5～16 层（标高 12.550～49.120m）水平分布筋锚固长度 l_{aE} 为 24d，各层搭接长度为 1.6l_{aE}。

（6）根据图纸说明，所有混凝土剪力墙上楼层板顶标高处均设暗梁，梁高 400mm，上部纵向钢筋和下部纵向钢筋同为 2 根直径 16mm 的Ⅱ级钢筋，箍筋为直径 8mm、间距 100mm 的Ⅰ级钢筋，梁侧面构造钢筋即为剪力墙配置的水平分布筋，在 3、4 层设直径 12mm、间距为 250mm 的Ⅱ级钢筋，在 5～16 层设直径为 10mm、间距为 250mm 的Ⅰ级钢筋。

四、构造柱施工平面图

1. 主要内容

①图名和比例。

②定位轴线及其编号、间距和尺寸。

③柱的编号、平面布置，应反映柱与定位轴线的关系。

④每一种编号柱的标高、截面尺寸、纵向受力钢筋和箍筋的配置情况。

⑤必要的设计说明。

2. 截面注写方式

截面注写方式是在柱平面布置图上，在同一编号的柱中选择一个截面，直接在截面上注写截面尺寸和配筋的具体数值，如图 8-42 所示，为截面注写方式的图例，它是某结构从标高 19.470m 到 59.070m 的柱配筋图，即结构从 6 层到 16 层柱的配筋图，这在楼层表中用粗实线来注明。

由于在标高 37.470m 处，柱的截面尺寸和配筋发生了变化，但截面形式和配筋的方式没变。因此，这两个标高范围的柱可通过一张柱平面图来表示，但这两部分的数据需分别注写，故将图中的柱分 19.470～37.470m 和 37.470～59.070m 两个标高范围注写有关数据。因为图名中 37.470～59.070m 是写在括号里的，因此在柱平面图中，括号内注写的数字对应的就是 37.470～59.070m 标高范围内的柱。

图中画出了柱相对于定位轴线的位置关系、柱截面注写方式。配筋图是采用双比例绘制的，首先对结构中的柱进行编号，将具有相同截面、配筋形式的柱编为一个号，从其中挑选出任意一个柱，在其所在的平面位置上按另一种比例原位放大绘制柱截面配筋图，并标注尺寸和柱配筋数值。

在标注的文字中，内容主要如下。

（1）柱截面尺寸 $b \times h$，如 KZ1 是 650mm×600mm（550mm×500mm）。说明在标高 19.470～37.470m 范围内，KZ1 的截面尺寸为 650mm×600mm；标高 37.470～59.070m 范围

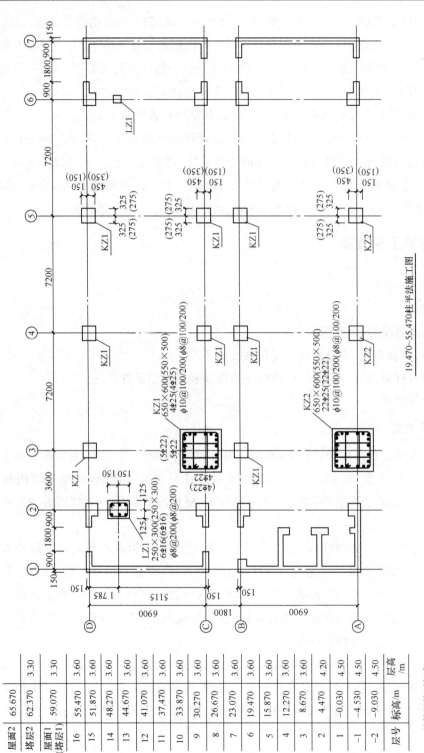

图8-42 柱平法施工图的截面注写方式

层号	标高/m	层高/m
屋面2	65.670	
塔层2	62.370	3.30
屋面1 (塔层1)	59.070	3.30
16	55.470	3.60
15	51.870	3.60
14	48.270	3.60
13	44.670	3.60
12	41.070	3.60
11	37.470	3.60
10	33.870	3.60
9	30.270	3.60
8	26.670	3.60
7	23.070	3.60
6	19.470	3.60
5	15.870	3.60
4	12.270	3.60
3	8.670	3.60
2	4.470	4.20
1	−0.030	4.50
−1	−4.530	4.50
−2	−9.030	4.50
层号	标高/m	层高/m

结构层楼面标高
结构层高

内,KZ1 的截面尺寸为 550mm×500mm。

(2)柱相对定位轴线的位置关系,即柱定位尺寸。在截面注写方式中,对每个柱与定位轴线的相对关系,不论柱的中心是否经过定位轴线,都要给予明确的尺寸标注,相同编号的柱如果只有一种放置方式,则可只标注一个。

(3)柱的配筋,包括纵向受力钢筋和箍筋。纵向钢筋的标注有两种情况,第一种情况如KZ1,其纵向钢筋有两种规格,因此将纵筋的标注分为角筋和中间筋分别标注。集中标注中的4Φ25,指柱四角的角筋配筋;截面宽度方向上标注的 5Φ22 和截面高度方向上标注的 4Φ22,表明了截面中间配筋情况(对于采用对称配筋的矩形柱,可仅在一侧注写中部钢筋,对称边省略不写)。另外一种情况是,其纵向钢筋只有一种规格,如 KZ2 和 LZ1,因此在集中标注中直接给出了所有纵筋的数量和直径,如 LZ1 的 6Φ16,对应配筋图中纵向钢筋的布置图,可以很明确地确定 6Φ16 的放置位置。箍筋的形式和数量可直观地通过截面图表达出来,如果仍不能很明确,则可以将其放出大样详图。

3. 列表注写方式

列表注写方式,则是在柱平面布置图上,分别在每一编号的柱中选择一个(有时几个)截面标注与定位轴线关系的几何参数代号,通过列柱表注写柱号、柱段起止标高、几何尺寸(含柱截面对轴线的偏心情况)与配筋具体数值,并配以各种柱截面形状及其箍筋类型图说明箍筋形式,如图 8-43 所示,为柱列表注写方式的图例。

采用柱列表注写方式时柱表中注写的内容主要如下。

(1)注写柱编号

柱编号由类型代号(表 8-14)和序号组成。

表 8-14 柱编号

柱类型	代号	序号
框架柱	KZ	××
框支柱	KZZ	××
芯柱	XZ	××
梁上柱	LZ	××
剪力墙上柱	QZ	××

注:编号时,当柱的总高、分段截面尺寸和配筋均对应相同,仅截面与轴线的关系不同时,仍可将其编为同一柱号,但应在图中注明截面与轴线的关系。

(2)注写各段柱的起止标高

自柱根部往上以变截面位置或截面未改变但配筋改变处为界分段注写。框架柱或框支柱的根部标高系指基础顶面标高;梁上柱的根部标高系指梁的顶面标高;剪力墙上柱的根部标高分为两种:当柱纵筋锚固在墙顶面时其根部标高为墙顶面标高;当柱与剪力墙重叠一层时其根部标高为墙顶面往下一层的楼层结构层楼面标高。

(3)注写柱截面尺寸

1)对于矩形柱,注写柱截面尺寸 $b \times h$ 及与轴线关系的几何参数代号 b_1、b_2 和 h_1、h_2 的具体数值,应对应于各段柱分别注写。其中 $b = b_1 + b_2$,$h = h_1 + h_2$。当截面的某一边收缩变化至与轴线重合或偏到轴线的另一侧时,b_1、b_2 和 h_1、h_2 中的某项为零或为负值。

2)对于圆柱,表中 $b \times h$ 一栏改用在圆柱直径数字前加 d 表示,为表达简单,圆柱与轴线的关系也用 b_1、b_2 和 h_1、h_2 表示,并使 $d = b_1 + b_2 = h_1 + h_2$。

(4)注写柱纵筋

将柱纵筋分成角筋、b 边中部筋和 h 边中部筋三项分别注写(对于采用对称配筋的矩形柱,可仅注写一侧中部钢筋,对称边省略不写)。

(5)注写箍筋类型号及箍筋肢数

箍筋的配置略显复杂,因为柱箍筋的配置有多种情况,不仅和截面的形状有关,还和截面的尺寸、纵向钢筋的配置有关系。因此,应在施工图中列出结构可能出现的各种箍筋形式,并分别予以编号,如图 8-43 中的类型 1、类型 2 等。箍筋的肢数用 $(m \times n)$ 来说明,其中 m 对应宽度 b 方向箍筋的肢数,n 对应宽度 h 方向箍筋的肢数。

(6)注写柱箍筋,包括钢筋级别、直径与间距

当为抗震设计时,用斜线"/"区分柱端箍筋加密区和柱身非加密区长度范围内箍筋的不同间距。至于加密区长度,就需要施工人员对照标准构造图集相应节点自行计算确定了。例如,$\phi 10@100/200$,表示箍筋为 HPB300,直径 10mm,加密区间距 100mm,非加密区间距 200mm。当箍筋沿柱全高为一种间距时,则不使用斜线"/",如$\pm 12@100$,表示箍筋为 HRB335,直径 12mm,箍筋沿柱全高间距 100mm。如果圆柱采用螺旋箍筋时,应在箍筋表达式前加"L",如 $L\phi 10@100/200$。

柱采用"平法"制图方法绘制施工图,可直接把柱的配筋情况注明在柱的平面布置图上,简单明了。但在传统的柱立面图中,我们可以看到纵向钢筋的锚固长度及搭接长度,而在柱的"平法"施工图中,则不能直接在图中表达这些内容。实际上,箍筋的锚固长度及搭接长度是根据《混凝土结构设计规范》(GB 50010—2010)计算出来的。

只要知道钢筋的级别和直径,就可以查表确定钢筋的锚固长度和最小搭接长度,不一定要在图中表达出来。施工时,先根据柱的平法施工图,确定柱的截面、配筋的级别和直径,再根据表等其他规范的规定,进行放样和绑扎。采用平法制图不再单独绘制柱的配筋立面图或断面图,可以极大地节省绘图工作量,同时不影响图纸内容的表达。

4. 识图步骤

(1)查看图名、比例。

(2)校核轴线编号及间距尺寸,必须与建筑图、基础平面图保持一致。

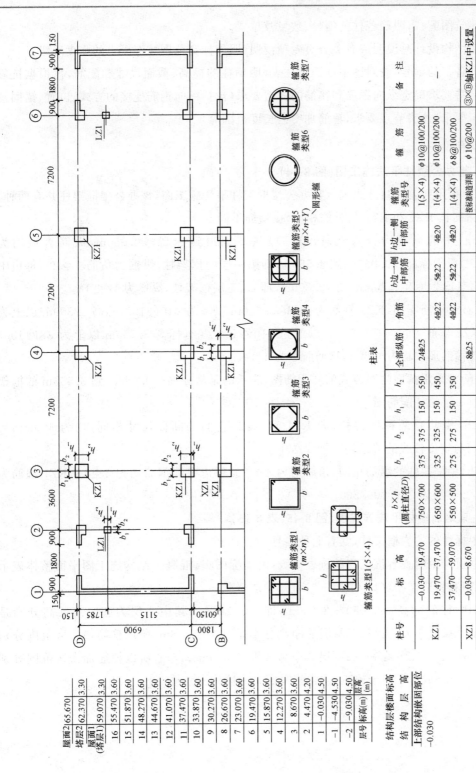

图8-43　柱平法施工图的列表注写方式

（3）与建筑图配合,明确各柱的编号、数量及位置。

（4）阅读结构设计总说明或有关分页专项说明,明确标高范围柱混凝土的强度等级。

（5）根据各柱的编号,查对图中截面或柱表,明确柱的标高、截面尺寸和配筋,再根据抗震等级、标准构造要求确定纵向钢筋和箍筋的构造要求(包括纵向钢筋连接的方式、位置、锚固搭接长度、弯折要求、柱头节点要求,箍筋加密区长度范围等)。

5.识图举例

实例1:某办公楼柱平法施工图(图8-44)

（1）图(a)采用列表注写方式表示某办公楼框架柱平法施工图,该办公楼框架柱共有两种:KZ1 和 KZ2,而且 KZ1 和 KZ2 的纵筋相同,仅箍筋不同。

（2）图(a)中的纵筋均分为三段,第一段从基础顶到标高－0.050m,纵筋直径均为1220mm;第二段为标高－0.050m 到 3.550m,即第一层的框架柱,纵筋为角筋 4 Φ 20,每边中部 2 Φ 18;第三段为标高 3.550m 到 10.800m,即二、三层框架柱,纵筋为 12 Φ 18。

（3）图(a)中箍筋不同,KZ1 箍筋为:标高 3.550m 以下为 ϕ 10@100,标高 3.550m 以上为 ϕ 8@100。KZ2 箍筋为:标高 3.550m 以下为 ϕ 10@100/200,标高 3.550m 以上为 ϕ 8@100/200。它们的箍筋形式均为类型1,箍筋肢数为 4×4。

（4）图(b)为采用截面注写方式的柱配筋图,表示的是从标高－0.050m 到 3.550m 的框架柱配筋图,即一层的柱配筋图。

（5）图(b)中共有两种框架柱,即 KZ1 和 KZ2,它们的断面尺寸相同,均为 400mm×400mm,它们与定位轴线的关系均为轴线居中。

（6）图(b)中框架柱的纵筋相同,角筋均为 4 Φ 20,每边中部钢筋均为 2 Φ 18,KZ1 箍筋为 ϕ 8@100,KZ2 箍筋为 ϕ 8@100/200。

实例2:某培训楼柱平法施工图(图8-45、表8-15)

（1）图中标注的均为框架柱,共有七种编号。

（2）根据设计说明查看该工程的抗震等级,由国标图集《混凝土结构施工图平面整体表示方法制图规则和构造详图》(11 G101—1)可知构造情况。

（3）该图中柱的标高－0.050～8.250m,即一、二两层(其中一层为底层),层高分别是4.6m、3.7m,框架柱 KZ1 在一、二两层的净高分别是 3.7m、2.8m,所以箍筋加密区范围分别是 1250mm、650mm;KZ6 在一、二两层的净高分别是 3.0m、3.5m,所以箍筋加密区范围分别是 1000mm、600mm(为了便于施工,常常将零数人为地化零为整)。

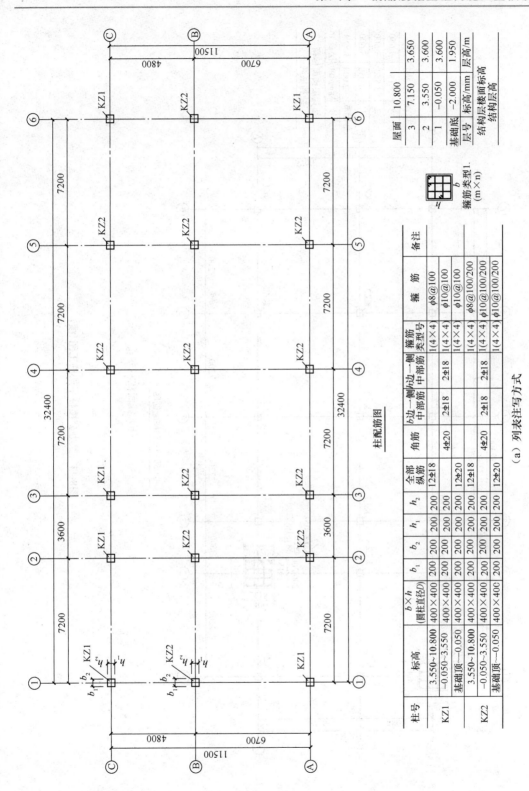

柱配筋图

层号	标高/m	层高/m
屋面	10.800	
3	7.150	3.650
2	3.550	3.600
1	-0.050	3.600
基础底	-2.000	1.950
层号	结构层楼面标高	结构层高

箍筋类型1.
(m×n)

柱号	标高	$b×h$ (圆柱直径D)	b_1	b_2	h_1	h_2	全部纵筋	角筋	b边一侧中部筋	h边一侧中部筋	箍筋类型号	箍筋	备注
KZ1	3.550~10.800	400×400	200	200	200	200	12⊉18				1(4×4)	φ8@100	
	-0.050~3.550	400×400	200	200	200	200		4⊉20	2⊉18	2⊉18	1(4×4)	φ10@100	
	基础顶~-0.050	400×400	200	200	200	200	12⊉20				1(4×4)	φ10@100	
KZ2	3.550~10.800	400×400	200	200	200	200	12⊉18				1(4×4)	φ8@100/200	
	-0.050~3.550	400×400	200	200	200	200		4⊉20	2⊉18	2⊉18	1(4×4)	φ10@100/200	
	基础顶~-0.050	400×400	200	200	200	200	12⊉20				1(4×4)	φ10@100/200	

(a) 列表注写方式

图8-44　某办公楼柱平法施工图

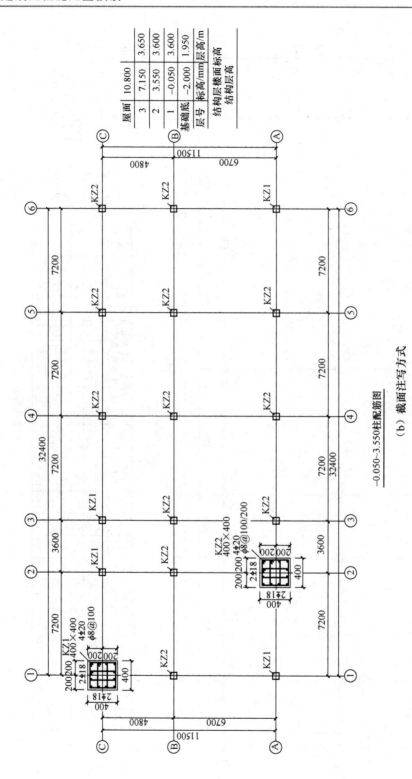

（b）截面注写方式

-0.050~3.550柱配筋图

图8-44 某办公楼柱平法施工图（续）

层号	标高/m	层高/m
屋面	10.800	
3	7.150	3.650
2	3.550	3.600
1	-0.050	3.600
基础底	-2.000	1.950
	结构层楼面标高 结构层高	

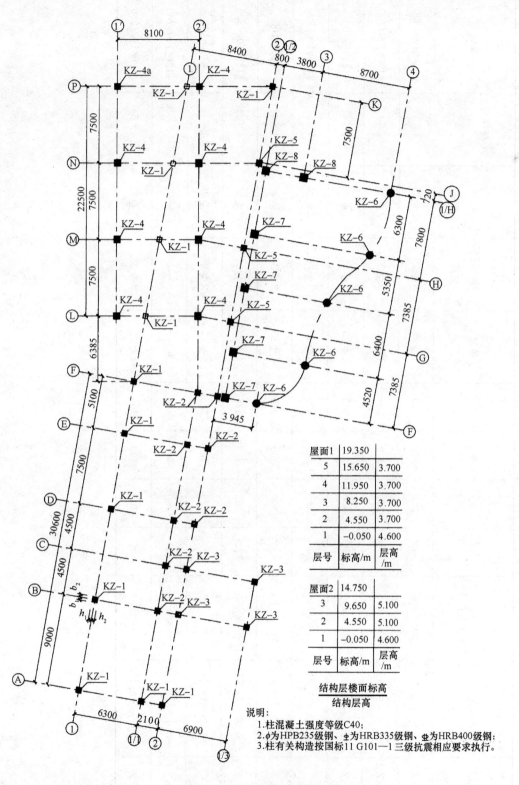

屋面1	19.350	
5	15.650	3.700
4	11.950	3.700
3	8.250	3.700
2	4.550	3.700
1	−0.050	4.600
层号	标高/m	层高/m

屋面2	14.750	
3	9.650	5.100
2	4.550	5.100
1	−0.050	4.600
层号	标高/m	层高/m

结构层楼面标高
结构层高

说明:
1.柱混凝土强度等级C40;
2.φ为HPB235级钢、⊥为HRB335级钢、⊥为HRB400级钢;
3.柱有关构造按国标11 G101—1三级抗震相应要求执行。

图 8-45 某培训楼平法配筋图

表 8-15　柱表

柱号	标高	$b \times h$（圆柱直径 D）	b_1	b_2	h_1	h_2	角筋	b 边一侧中部筋	h 边一侧中部筋	箍筋类型号	箍筋
KZ-1	-0.05~19.350	600×600	300	300	300	300	4 Φ 25	3 Φ 25	3 Φ 25	1(4×4)	φ12@100/200
KZ-2	-0.05~19.350	600×600	300	300	300	300	4 Φ 25	3 Φ 22	3 Φ 22	1(4×4)	φ10@100/200
KZ-3	-0.05~19.350	600×600	300	300	300	300	4 Φ 25	2 Φ 25	2 Φ 25	1(4×4)	φ10@100
KZ-4	-0.05~11.950	700×700	350	350	350	350	4 Φ 25	3 Φ 25	3 Φ 25	1(5×5)	φ12@100/200
	11.95~15.65	600×700	300	300	300	300	4 Φ 25	2 Φ 25	2 Φ 25	1(4×4)	φ10@100
KZ-5	-0.05~15.650	650×650	325	325	325	325	4 Φ 25	2 Φ 25	2 Φ 25	1(4×4)	φ12@100/200
	15.65~19.35	650×650	325	325	325	325	4 Φ 25	2 Φ 25	2 Φ 25	1(4×4)	φ10@100
KZ-6	-0.05~14.150	800	400	400	400	400	18 Φ 25	—	—	8	φ12@100/200
KZ-7	-0.05~14.150	800×800	400	400	400	400	4 Φ 25	3 Φ 25	3 Φ 25	1(5×5)	φ12@100/200

实例3：某住宅楼柱平法施工图(图8-46)

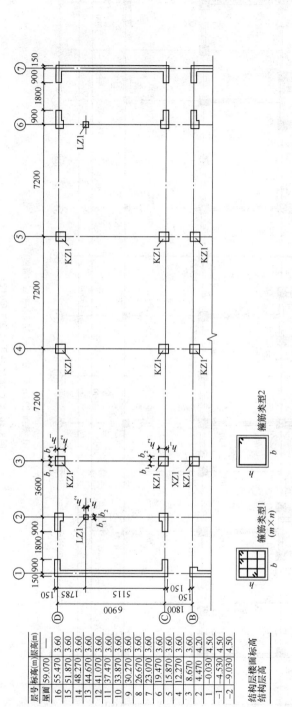

柱号	标高/m	$b \times h$ (圆柱直径D) /mm	b_1 /mm	b_2 /mm	h_1 /mm	h_2 /mm	全部纵筋	角筋	b边一侧中部筋	h边一侧中部筋	箍筋类型号	箍筋	备注
KZ1	-0.030~19.470	750×700	375	375	150	550	24Φ25				1(5×4)	φ10@100/200	
	19.470~37.470	650×600	325	325	150	450		4Φ22	5Φ22	4Φ20	1(4×4)	φ10@100/200	
	37.470~59.070	550×500	275	275	150	350		4Φ22	5Φ22	4Φ20	1(4×4)	φ8@100/200	
XZ1	-0.030~8.670						8Φ25				按《混凝土结构施工图平面整体表示方法制图规则和构造详图》(11 G101-1)的标准构造详图	φ10@200	③×Ⓑ轴KZ1中设置

(a)列表注写方式

图8-46　某住宅楼柱平法施工图

层号	标高(m)	层高(m)
屋面	59.070	—
16	55.470	3.60
15	51.870	3.60
14	48.270	3.60
13	44.670	3.60
12	41.070	3.60
11	37.470	3.60
10	33.870	3.60
9	30.270	3.60
8	26.670	3.60
7	23.070	3.60
6	19.470	3.60
5	15.870	3.60
4	12.270	3.60
3	8.670	4.20
2	4.470	4.20
1	-0.030	4.50
-1	-4.530	4.50
-2	-9.030	4.50

结构层楼面标高
结构层高

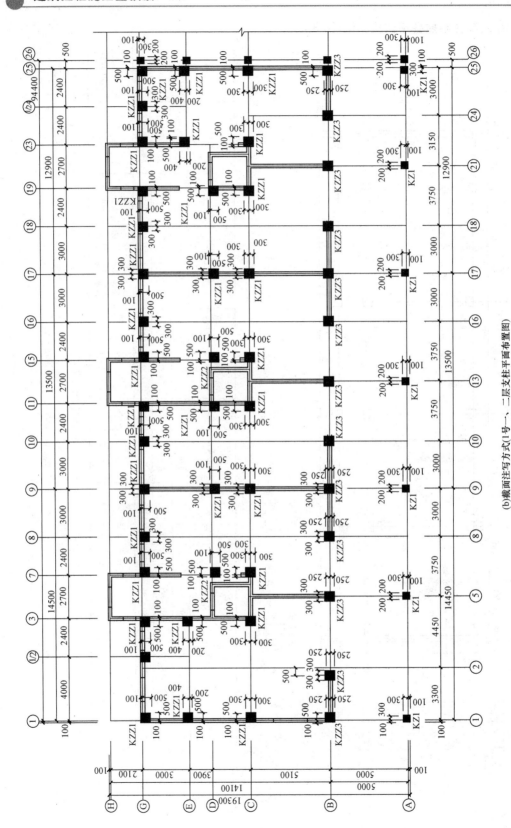

(b)截面注写方式(1号一、二层支柱平面布置图)

图8-46 某住宅楼柱平法施工图(续)

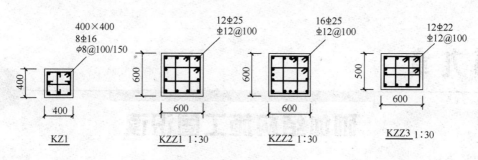

（c）截面注写方式（柱截面和配筋）

图 8-46 某住宅楼柱平法施工图（续）

（1）该柱平法施工图中的柱包含框架柱和框支柱，共有 4 种编号，其中框架柱 1 种，框支柱 3 种。7 根 KZ1，位于 A 轴线上；34 根 KZZ1 分别位于 C、E 和 G 轴线上；2 根 KZZ2 位于 D 轴线上；13 根 KZZ3 位于 B 轴线上。

（2）KZ1：框架柱，截面尺寸为 400mm×400mm，纵向受力钢筋为 8 根直径为 16mm 的 HRB335 级钢筋；箍筋直径为 8mm 的 HPB300 级钢筋，加密区间距为 100mm，非加密区间距为 150mm。根据《混凝土结构设计规范》（GB 50010—2010）和《混凝土结构施工图平面整体表示方法制图和构造详图》（11 G101—1）图集，考虑抗震要求框架柱和框支柱上、下两端箍筋应加密。箍筋加密区长度为，基础顶面以上底层柱根加密区长度不小于底层净高的 1/3；其他柱端加密区长度应取柱截面长边尺寸、柱净高的 1/6 和 500mm 中的最大值；刚性地面上、下各 500mm 的高度范围内箍筋加密。因为是二级抗震等级，根据《混凝土结构设计规范》（GB 50010—2010），角柱应沿柱全高加密箍筋。

（3）KZZ1：框支柱，截面尺寸为 600mm×600mm，纵向受力钢筋为 12 根直径为 25mm 的 HRB335 级钢筋；箍筋直径为 12mm 的 HRB335 级钢筋，间距 100mm，全长加密。

（4）KZZ2：框支柱，截面尺寸为 600mm×600mm，纵向受力钢筋为 16 根直径为 25mm 的 HRB335 级钢筋；箍筋直径为 12mm 的 HRB335 级钢筋，间距 100mm，全长加密。

（5）KZZ3：框支柱，截面尺寸为 600mm×500mm，纵向受力钢筋为 12 根直径为 22mm 的 HRB335 级钢筋；箍筋直径为 12mm 的 HRB335 级钢筋，间距 100mm，全长加密。

（6）柱纵向钢筋的连接可以采用绑扎搭接和焊接连接，框支柱宜采用机械连接，连接一般设在非箍筋加密区。连接时，柱相邻纵向钢筋接头应相互错开，为保证同一截面内钢筋接头面积百分比不大于 50%；纵向钢筋分两段连接。绑扎搭接时，图中的绑扎搭接长度为 $1.4l_{aE}$，同时在柱纵向钢筋搭接长度范围内加密箍筋，加密箍筋间距取 $5d$（d 为搭接钢筋较小直径）及 100mm 的较小值（本工程 KZ1 加密箍筋间距为 80mm；框支柱为 100mm）。抗震等级为二级、C30 混凝土时的 l_{aE} 为 $34d$。框支柱在三层墙体范围内的纵向钢筋应伸入三层墙体内至三层天棚顶，其余框支柱和框架柱，KZ1 钢筋按《混凝土结构施工图平面整体表示方法制图和构造详图（11 G101—1）图集锚入梁板内。本工程柱外侧纵向钢筋配筋率≤1.2%，且混凝土强度等级≥C20，板厚≥80mm。

第九章

砌体结构施工图识读

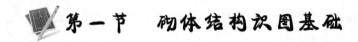

第一节　砌体结构识图基础

一、砌体材料

1. 烧结普通砖

烧结普通砖是以黏土、页岩和煤矸石等为主要原料,经过焙烧而成的孔洞率不大于 15％ 的块体,以实心砖居多,也有孔洞率不大于 15％ 的砖块。烧结普通砖又称为标准砖,简称为 "机砖"或"砖",按其外观颜色分为青砖和红砖两种,其中青砖指的是在还原气氛中烧成的青灰 色的黏土质砖块,红砖指的是在氧化气氛中烧结的红色的黏土质砖块。主要用于承重墙体 部分。

普通烧结黏土砖的外形为长方形体,长度 240mm,宽度 115mm,厚度 53mm。其常用的抗 压强度等级,即常见的施工图中标注的强度等级有 MU10、MU15、MU20、MU25、MU30 五种。

强度和抗风化性能合格的砖,根据尺寸偏差、外观质量、泛霜和石灰爆裂分为优等品(A)、 一等品(B)、合格品(C)三个质量等级。

2. 烧结多孔砖

烧结多孔砖是指主要以黏土、页岩和煤矸石等为原料,经过焙烧而成的多孔砖块,又称多 孔砖,主要应用于承重墙体之中。

常用的多孔砖的强度等级有 MU30、MU25、MU20、MU15 和 MU10 五种。多孔砖按其外 观质量、强度等级、物理性能和尺寸偏差等因素分为优等品、一等品和合格品三个质量等级。

3. 烧结空心砖

烧结空心砖是指以黏土、页岩、煤矸石为主要原料,经过焙烧而成的具有竖向孔洞的(孔洞 率不小于 40％)砖块,简称为空心砖,主要用在非承重的墙体中。空心砖形体为直角六面体,在砌筑的灰缝接触面上(或称为接合面上)预留有 1mm 深的凹线槽,用于提高接合面的联接力。其外形尺寸为:长度 390mm、290mm、240mm、190mm,宽度 240mm、190mm、180(175)mm、140mm、115mm,高度 90mm。

空心砖孔壁厚度应大于 100mm,肋厚应大于 7mm。孔洞形状采用矩形条孔、圆形条孔或其他孔形,所有的条孔均平行于空心砖的大面和条形面。

空心砖按其密度大小分为 800、900、1000、1100 四个密度等级,每个密度级别根据孔洞及其排数、尺寸偏差、外观质量、强度等级和物理性能,分为优等品、一等品和合格品三个质量等级。按其强度大小分为 MU10、MU7.5、MU5、MU3.5 和 MU2.5 五个强度等级。

4. 粉煤灰砖

粉煤灰砖是指以粉煤灰、石灰为主要原料,掺入适量的石膏和集料,经过坯料准备、压制成型,在常压或高压下蒸汽养护而成的砖块。一般可用于工业与民用建筑的墙体和基础之中,但若用在基础中或用于易受冻融和干湿交替作用的建筑中,则必须选用优等砖或一等砖。粉煤灰砖不得用于长期受热在 200℃以上,或受急冷急热和有酸性介质侵蚀的建筑部位上。

粉煤灰砖的外形为直角六面体,其长为 240mm,宽为 115mm,厚为 53mm。粉煤灰砖按其抗压强度和抗折强度的大小分为 MU30、MU25、MU20、MU15、MU10 五个强度等级。同时,按其外观质量、抗冻性能、干燥收缩和强度大小分为优等品、一等品和合格品三个质量等级。

5. 普通混凝土小型空心砌块

混凝土小型空心砌块,即普通混凝土小型空心砌块,它是以水泥、石子、砂和水为主要原料,经过搅拌、浇筑成型、振捣和养护而成的块体,简称为混凝土小砌块,可用于一般的砌体建筑中。

混凝土小砌块有多种规格尺寸,最常用的规格尺寸为:长×宽×高＝390mm×190mm×190mm。混凝土小砌块按其强度大小分为 MU20、MU15、MU10、MU7.5、MU5 和 MU3.5 六个强度等级。

6. 砌筑砂浆

砌筑用砂浆是由胶结料、细集料、掺加料和水按一定的配合比拌和而成的,在建筑工程的砌体结构中起着粘结、衬垫和传递应力的作用。通过砌筑施工用砖、砌块和石等粘结成为砌体。

在砌体工程中,砌筑用的砂浆分为两类,一为水泥砂浆,二为水泥混合砂浆。其中水泥砂浆是由水泥、细集料和水,经过配制而成的砂浆;水泥混合砂浆则是由水泥、细集料、掺加料和水,经过配制而成的砂浆。

砌筑用砂浆按其抗压强度的大小,分为 M30、M25、M20、M15、M10、M7.5、M5 七个强度等级,强度等级值即为其抗压强度值,单位为 MPa,砂浆的抗压强度是 70mm×70mm×70mm 立方体砂浆试块,在 20℃时养护 28d 后的抗压强度值。

二、砌体类型

1. 砖砌体

砖砌体是砌体结构中最常见的砌体形式,主要用于内外承重墙体、围护墙体或隔墙,其厚度由设计人员确定,主要取决于承载力及高厚比的要求。砖砌体一般采用实心砌法,有时也可砌成空心的砌体。

2. 砌块砌体

砌块砌体具有自重轻、保温隔热性能好、施工进度快、经济效益高等优点,因此采用砌块建筑是墙体改革的一项重要措施。设计中在确定砌块的规格尺寸和型号时,设计人员既要考虑承重能力,又要考虑与房屋的建筑设计相协调,使得所选用的砌块类型数量尽量少,并能满足砌筑时的搭砌要求。砌块砌体主要用于宿舍、办公楼、学校和一般工业建筑的承重墙或围护墙之中。

在砌体结构中,作为墙体的材料也有的采用混凝土小型空心砌块。采用小型或中型砌块的墙体,其厚度均可砌成 240mm 或 200mm。

3. 石砌体

石砌体是由石材和砂浆或石材和混凝土经砌筑而成的整体结构,一般分为料石砌体、毛石砌体和毛石混凝土砌体。

石砌体具有就地取材、经济效益高等优点,广泛用于产石地区。其中料石砌体可用作一般民用房屋的承重墙体、柱子和基础,还可用于石拱桥、石坎和涵洞等。

4. 配筋砌体

配筋砌体是指在砌体中配置一定数量的钢筋的砌体,从而提高砌体的强度,减小构件的截面尺寸,提高砌体的整体性,改善砌体的变形能力。具体分为横向配筋砌体、纵向配筋砌体和组合砌体三种。

横向配筋砌体是指在砌体的水平灰缝内设置钢筋网片的砌体。这是目前采用较多的配筋砌体的形式,主要用作轴心受压或小偏心受压的墙体和柱子。纵向配筋砌体是指在砌体的纵向灰缝或砌块的孔洞内配置一定数量纵向钢筋的砌体。这种砌体可用于条形式或点式的住宅建筑中。有时为进一步确保配筋砌体的整体性,沿墙体高度每隔一段距离,在其水平灰缝内设置形如桁架式的水平钢筋网。

组合砌体是指由砖砌体和钢筋混凝土或钢筋砂浆构成的砌体,一般以钢筋混凝土或钢筋砂浆作为砖砌体的面层,约束砖砌体,改善原来砖砌体的受力性能,这种砌体主要用于偏心距较大的受压墙体或柱子。若在两层砖砌体中间的空腔内配置竖向和横向钢筋,并且浇筑混凝土的砌体,即成为复合砌体。

第二节　基础施工图

一、基础平面图

1. 表达内容

假想在基础上面某一点的地方,有一个水平剖切面把房屋切成上下两个部分,搬走上部,然后从空中往下看所留下部分的形状,并画出水平投影,即"基础平面图"。剖切到的墙边,用粗实线画出,基础只表示最下面底部轮廓边缘,用中实线(约为 0.3mm 粗的线型)画出,至于中间的放脚部分虽然有投影,但不予画出,这是习惯画法。

基础平面图主要表示基础墙、柱、留洞及构件布置等平面位置关系,主要包括以下内容:

(1)图名和比例。基础平面图的比例应与建筑平面图相同。常用比例为 1∶100、1∶200,个别情况也有用 1∶150 的。

(2)基础平面图应标出与建筑底层平面图相一致的定位轴线、编号和轴线间的尺寸。

(3)基础的平面布置。基础的平面图应反映基础墙、柱、基础底面的形状、大小及基础与轴线的尺寸关系。

(4)管沟的位置及宽度,管沟墙及沟盖板的布置。

(5)基础梁的布置与代号,不同形式和类型的基础梁用代号 JL_1、JL_2……或 DL_1、DL_2……表示等。

(6)基础的编号、基础断面的剖切位置和编号。

(7)施工说明。用文字说明地基承载力、材料强度等级及施工要求等。

2. 识读举例

实例:某疗养院基础平面图(图 9-1)

(1)基础布置平面图中的定位轴线的编号与尺寸都与建筑施工图中的平面图保持一致。定位轴线是施工现场放线的依据,是基础布置平面图中的重要内容。

(2)定位轴线两侧的粗线是墙身被剖切到的断面轮廓线。两墙外侧的细实线是可见但未被剖到的基础底部的轮廓线,它也是基础的边线,是基坑开挖的依据。为了使图面简洁,一般基础的细部投影都省略不画,基础大放脚的投影轮廓线在基础详图中具体表示。

(3)基础圈梁及基础梁。有时为了增加基础的整体性,防止或减轻不均匀沉降,需要设置基础圈梁(JQL)。该基础平面图中虽没有表现出基础圈梁,但在后面基础详图的剖面图中反映出其结构(有时,在基础布置平面图中沿墙身轴线用粗点画线表示基础圈梁的中心位置,同时在旁边标注的 JQL 也特别指出这里布置了基础圈梁,因设计单位的习惯不同而异)。

(4)该图中涂黑的矩形或块状部分表示被剖切到的建筑物构造柱。构造柱通常从基础梁

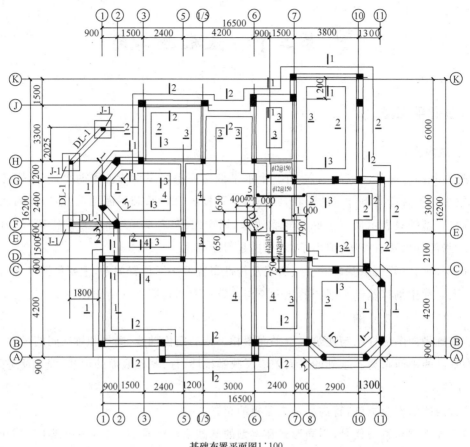

基础布置平面图1:100

图 9-1　某疗养院基础平面图

和基础圈梁的上面开始设置并伸入地梁内。它是为了满足抗震设防的要求,按照《建筑抗震设计规范》(GB 50011—2010)的有关规定设置的。

(5)该图中出现的符号、代号,如 DL-1,DL 表示地梁,"1"为编号,图中有许多个"DL-1",表明它们的内部构造相同。类似的如"J-1",表示编号为 1 的由地梁连接的柱下条形基础。

二、基础详图

1. 表达内容

在基础平面图形成之后,需对局部进行详细表述时,可借助基础详图来实现。

基础详图是用较大的比例绘制出的基础底部构造图形,主要用于表达基础的细部的尺寸、断面的形式和大小、所用材料和做法,以及基础埋置深度等。

对于砌体结构中的条形基础,基础详图就是基础的垂直断面图;对于独立基础,其详图应有基础的平面图、立面图和断面图。

基础详图因其特殊性而更具有特点。以图示为例,不同构造的基础应分别绘出相应的详图,即使基础的构造相同,但尺寸不同,哪怕是部分尺寸不同时,也应有不同的详图,当然在表达清楚的前提下,可用一个详图表示具有相似或相近的两个或两个以上的详图,但应对不同的局部尺寸或局部构造标注清楚且区分开来,尤其应有不同的详图名称。基础断面图的边线一般用粗实线绘制,断面内应绘出材料图例,若材料为钢筋混凝土的基础,则只需绘出配筋情况,而不必绘出材料的图例。

基础详图的内容较多,其中主要内容可概括如下:

(1)详图的名称和比例。

(2)详图中轴线及其编号。

(3)基础详图的具体尺寸,包括基础墙的厚度、基础的高度和宽度、基础垫层的厚度和宽度等。

(4)基础的标高,包括室内标高、室外标高、基础底标高等。

(5)基础和基础垫层所用的材料、材料的强度等级、配筋数量及其布筋方式。

(6)基础中防潮层的位置及做法。

(7)基础(地)圈梁的位置、构造和做法。

(8)施工说明等。

2. 识读举例

实例 1:石基础施工图实例(图 9-2 和图 9-3)

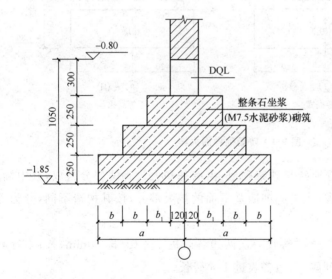

图 9-2 石基础详图

(1)一般基础顶面宽度应比墙基底面宽度大 200mm,基础底面的宽度由设计计算而定。

(2)梯形基础坡角应大于 450mm,阶梯形基础每阶不小于 250mm。

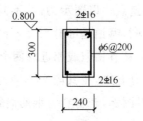

图 9-3　地圈梁详图

（3）从图中可见，详图内表示出石砌体的形状、标高、尺寸、轴线、图名、地圈梁位置等内容。

（4）地圈梁（DQL）亦简称为地梁，适用于所有条形砌体基础，其详图以剖面图表示，图中地圈梁尺寸为 300mm×240mm，四角布置纵筋，为 HRB335 级钢筋，直径为 16mm，箍筋的直径为 6mm，间距 200mm。地圈梁的顶标高为 0.800m。

实例 2：砖基础施工图实例（图 9-4）

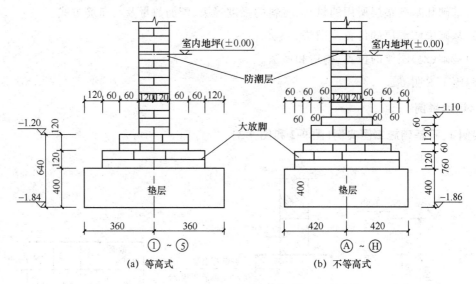

图 9-4　砖基础详图大样

（1）普通砖基础采用烧结普通砖与砂浆砌成，由墙基和大放脚两部分组成，其中墙基（即 ±0.000 以下的砌体）与墙身同厚，大放脚即墙基下面的扩大部分，按其构造不同，分为等高式和不等高式两种。

（2）等高式大放脚是每两皮一收，每收一次两边各收进 1/4 砖（即 60mm）长；不等高式大放脚是两皮一收与一皮一收相间隔，两边各收进 1/4 砖长。

（3）大放脚的底宽应根据设计而定。大放脚各皮的宽度应为半砖长（即 120mm 长）的整倍数（包括灰缝宽度在内）。在大放脚下面应做砖基础的垫层，垫层一般采用灰土、碎砖三合土或混凝土等材料。

（4）在墙基上部（室内地面以下 1～2 层砖处）应设置防潮层，防潮层一般采用 1：2.5（质量比)的水泥砂浆加入适量的防水剂铺浆而成,主要按设计要求而定,其厚度一般为 20mm。

(5)从图中可以看到,砖基础详图中有相应的图名、构造、尺寸、材料、标高、防潮层、轴线及其编号,当遇见详图中只有轴线而没有编号时,表示该详图对于几个轴线而言均为适合。

(6)当其编号为 A~H 时,表明在 A~H 轴之间各轴上均有该详图。

第三节　主体结构施工图

一、结构平面图

在砌体结构中,结构平面图是以一个假设的水平剖切面,沿着砌体结构的楼板面(只有通过楼板的结构层,而不是通过楼板的面层或面层以上位置)将建筑物剖开,成为上下两部分,然后搬走上面部分,并从空中往下看下面部分,所看到的水平投影,并绘制而成的图形。它是用来表示各层柱、墙、梁、板、过梁和圈梁等构件的平面布置情况,以及各构件的构造尺寸、相对位置和配筋情况的图纸。显然,它是砌体结构中极其重要的组成部分,是识读图纸的必读内容。

砌体结构平面图为施工中安装梁、板、柱等构件提供尺寸、位置、材料用量等依据,也为现浇钢筋混凝土构件在施工中进行模板制作与支撑、钢筋的绑扎和混凝土的浇筑提供依据,同时也为施工前进行工料分析和预算,以及施工后的决算等提供依据。

在砌体结构工程图中,平面图内一般包括有如下的内容:

(1)定位轴线及其编号、轴线间的尺寸。

(2)墙体、门窗洞口的位置以及在门窗洞口处布置的过梁或连系梁的情况及其编号等。

(3)构造柱和柱的位置、编号以及通过相应的详图来表示的尺寸和配筋方式及配筋数量。

(4)钢筋混凝土梁的编号、位置。

(5)若采用现浇钢筋混凝土构件,梁的尺寸和配筋方式及配筋数量;板的标高、板的厚度及其配筋情况。

(6)当采用预制构件时,预制板的布置情况。

(7)各节点详图的剖切位置及剖视方向和编号。

(8)圈梁的平面布置情况等。

二、板施工平面图

1. 表达内容

为了便于对现浇楼板施工图进行识读,现将基本识读步骤介绍如下:

(1)查阅轴线位置、轴线编号及轴线间的尺寸,并结合建筑平面法、梁网平法施工图,核对是否一致,是否吻合。

（2）识读结构设计总说明中有关楼板部分的条文，明确现浇楼板的表示方法、所用材料的强度等级以及构造要求等。

（3）识读现浇楼板的标高、高差和板厚。

（4）识读现浇板的配筋方式和用筋量，通过附注内容或附加说明，明确尚未注明的受力钢筋和分布钢筋的用量及分布情况。应特别注意钢筋的弯钩形状和方向，以便确定钢筋在板断面中的位置和做法。

2. 识读举例

实例：现浇楼板施工图实例（图 9-5）

（1）图为二层楼板结构平面图，比例为 1∶150，其轴线位置和编号、轴间尺寸与该层梁图、建筑平面图吻合一致，标高为 3.500m。

（2）图中楼梯间以一条对角线表示，并在线上注明"见楼梯（甲）详图"，以便查阅楼梯图。

（3）图中表明构造柱、柱的位置，以及楼梯间的平台用构造柱（TZ1、TZ2）的位置。

（4）表明楼板厚度，大部分为 90mm 厚，个别板（共 4 块板）采用 100mm 厚，同时表明卫生间楼板顶面高差 50mm。

（5）清楚地注明各块板的配筋方式和用筋数量，详见图中所示。

（6）在图中，楼板各个阳角处设置有 $10\phi10$、长度 $L=1500$mm 的放射形分布钢筋，用于防止该角楼板开裂。

三、梁施工平面图

1. 表达内容

在识读梁的施工图之前，首先应了解梁平法施工图的识读步骤，现表述如下：

（1）查阅梁的类别和序号，查读梁的图名和比例。

（2）核查轴线编号和轴线间的尺寸，并结合建筑施工图中的平面图，检查是否正确、齐全。

（3）明确梁的编号、位置、数量等内容。

（4）识读结构设计总说明，明确梁中所用材料的强度等级、构造要求和通用表述方式及其内容。

（5）按梁的编号顺序，逐一进行识读，根据梁的标注方式，明确梁的断面尺寸、配筋情况和梁的标高及高差。

（6）根据结构的抗震等级、设计要求和标准构造详图，识读梁中纵向钢筋的位置和数量、配箍情况和吊筋设置的位置和数量，以及其他构造要求，主要有受力钢筋的锚固长度、搭接长度、连接方式、弯折要求、切断位置、附加箍筋的位置和用量、吊筋的构造要求、箍筋加密区的位置及其范围，主次梁的位置关系、主梁的支承情况等。

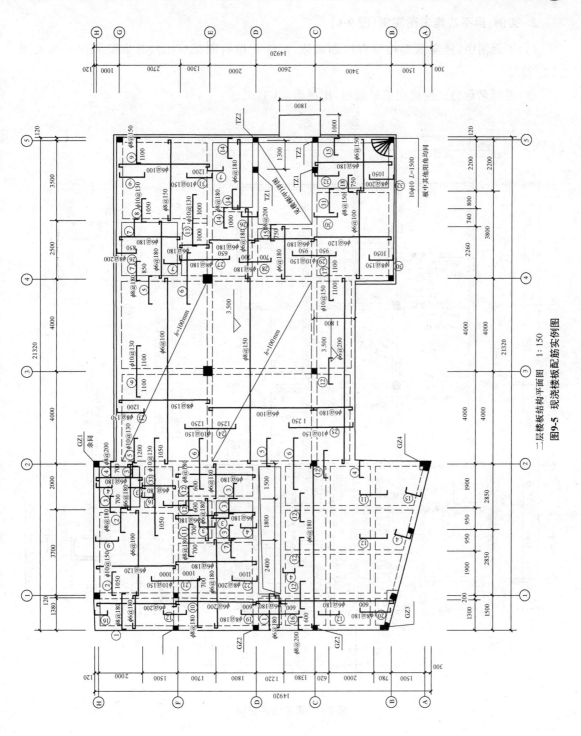

二层楼板结构平面图 1:150

图9-5 现浇楼板配筋实例图

2. 实例：梁平法施工图实例（图 9-6）

（1）平面图中，竖向承重构件有柱和墙体，墙体上做有圈梁（QL），其余梁的代号均采用"LL"符号。

（2）图形名称为二层梁配筋平面图，比例为 1∶150。

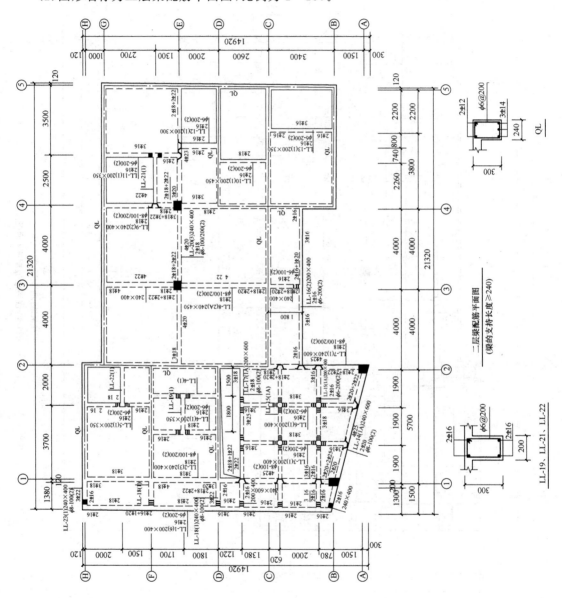

图 9-6　梁平法实例图

（3）轴线编号，水平方向为①～⑤轴，竖向为 A～H 轴，轴线间尺寸如图 9-6 中所示。另有，①轴左侧为外挑部分，其外挑长度为 1380mm，C 轴在房屋中部的前方亦有外挑，其长为 1800mm。

（4）梁的编号和数量及其位置,详见图中所示。

（5）图中" ⌐‾⌐ "表示吊筋的位置,配筋数量由引出线带其标注来表示。图中" ⊱‖‖‖‖⊰ "表示附加箍筋的位置,数量为"3Φ8@50",详见设计说明中的条文,实际增加的箍筋数为 2 个,另一个仍为基本箍筋。

（6）梁的配筋情况,按照其注写方式逐一分别进行识读。其中该图表明梁顶标高与结构层高相同。

四、构造柱施工平面图

1. 表达内容

砌体结构中,构造柱是墙体中的组成部分,尤其是有抗震设防要求的砌体结构中必须采用,构造柱的代号为"GZ",具体根据其截面形状、大小不同在"GZ"后面以阿拉伯数字来区分,如"GZ1、GZ2 等。

柱子在砌体结构中除了个别用于装饰外均用于承重,具体材料有无筋砌体柱、配筋砌体柱和钢筋混凝土柱子,一般采用钢筋混凝土柱居多。

对于构造柱的识读,主要内容包括有:

（1）构造柱的位置。

（2）构造柱的类型。

（3）构造柱的数量。

（4）构造柱的配筋、断面大小等。

（5）构造柱与砌体之间关系,即应设置拉结钢筋,并结合建施中的平面图一起识读。

（6）构造柱与墙体施工的顺序,应遵循"先墙后柱"的原则。

2. 识读举例

实例:某砌体结构平面图(图 9-7)

（1）图中所示,南北端构造柱类型为 GZ2,其余构造柱未标明型号,根据图中注可知,均为 GZ1。

（2）根据 GZ1 配筋图可知,该类型构造柱尺寸为 240mm×240mm,纵筋为四根直径14mm、HRB335 级别的钢筋布置在构造柱四角,箍筋采用 HPB300 级别、直径为 6mm、间距为200mm 的钢筋。

（3）根据 GZ2 配筋图可知,该类型构造柱尺寸为 180mm×240mm,纵筋为四根直径14mm、HRB335 级别的钢筋布置在构造柱四角,箍筋采用 HPB300 级别、直径为 6mm、间距为200mm 的钢筋。

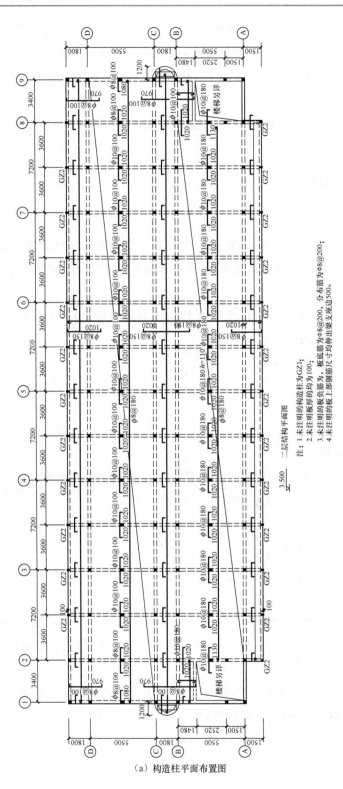

二层结构平面图

3.500
文

注：1.未注明的构造柱为GZ1；
　　2.未注明板厚的均为100；
　　3.未注明的板负筋为，板底筋为Φ8@200，分布筋为Φ8@200；
　　4.未注明的板上部钢筋尺寸均伸出梁支座边500。

图9-7　某砌体结构平面图

（a）构造柱平面布置图

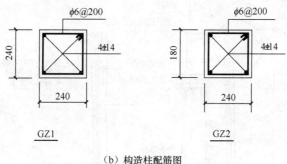

（b）构造柱配筋图

图 9-7　某砌体结构平面图（续）

第四节　特殊砌体结构施工图

一、烟囱施工图

实例：某烟囱施工图（图 9-8）

（1）烟囱外形图

1）图中可以看出，烟囱高度从地面作为 ±0.000 点算起有 120m 高。±0.000 以下为基础部分，另有基础图纸，囱身外壁为 3% 的坡度，外壁为钢筋混凝土筒体，内衬为耐热混凝土，上部内衬由于烟气温度降低采用机制黏土砖。

2）囱身分为若干段，如图上标出的尺寸，有 15m 段及 20m 段两种尺寸。并在分段处的节点构造用圆圈画出，另绘详图说明。

3）壁与内衬之间填放隔热材料，而不是空气隔热层。在囱身底部有烟囱入口位置和存烟灰斗和下部的出灰口等，可以结合识图箭注解把外形图看明白。

（2）烟囱基础图

1）从图中可知，底板的埋深为 4m；基础底的直径为 18m；底板下有 10cm 素混凝土垫层；桩基头伸入底板 10cm；底板厚度为 2m。

2）可以看出底板和基筒以及筒外伸肢底板等处的配筋构造。

3）底板配筋可以看出分为上下两层的配筋，且分为环向配筋和辐射向配筋两种。具体配筋如图上注明的规格及间距，可见图上的注明。

4）竖向剖面图可以看出，烟壁处的配筋构造和向上伸入上部筒体的插筋。同时可以看出伸出肢的外挑处的配筋。其使用钢筋的等级和规格及间距图上也作了注明。

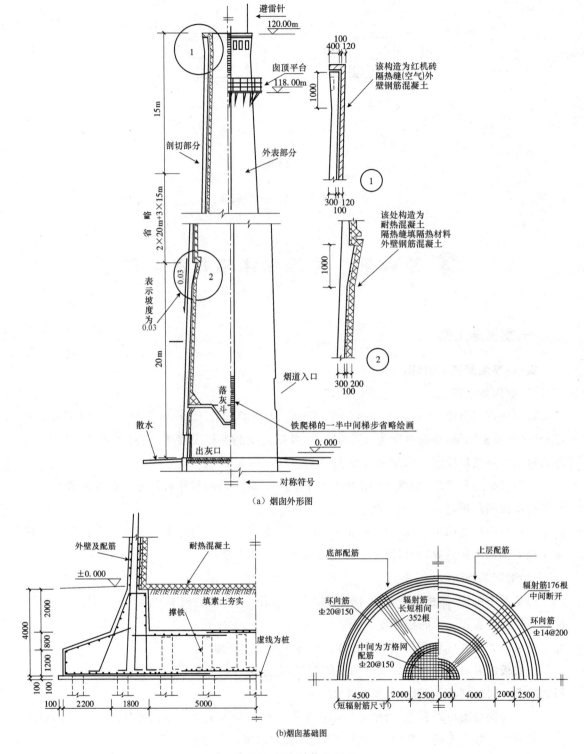

（a）烟囱外形图

（b）烟囱基础图

图 9-8　烟囱结构平面图

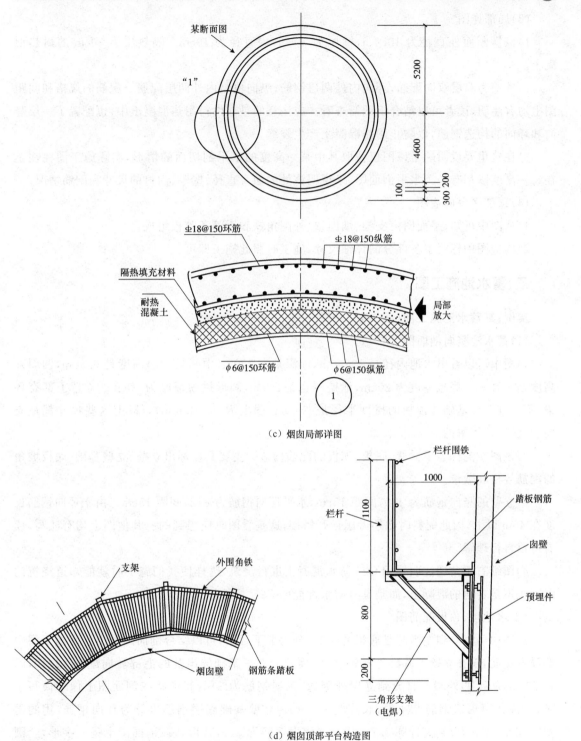

（c）烟囱局部详图

（d）烟囱顶部平台构造图

图 9-8 烟囱结构平面图（续）

（3）局部详图

1）该横断面外直径为 10.4m，壁厚为 30cm，内直径为 10cm。隔热层为 20cm 的耐热混凝土。

2）外壁为双层双向配筋，环向内外两层钢筋；纵向也是内外两层配筋。配筋的规格和间距图上均有注明，读者可以结合识图箭查看。应注意的是在内衬耐热混凝土中，也配置了一层竖向和环向的构造钢筋，以防止耐热混凝土产生裂缝。

3）在这里要说明的是该图仅截取其中某一高度的水平剖切面的情形，实际施工图往往是在每一高度段都有一个水平剖面图，来说明该处的囱身直径、壁厚、内衬的尺寸和配筋情况。

（4）顶部平台构造图

1）从图中可知，平面图由支架、烟囱壁、外围角铁和钢筋条踏板组成。

2）构造图中标明了各部分的详细尺寸，施工时照此施工即可。

二、蓄水池施工图

实例：某蓄水池施工图（图 9-9）

（1）蓄水池竖向剖面图

1）图中可以看出水池内径是 13.00m，埋深是 5.350m，中间最大净高度是 6.60m，四周外高度是 4.85m。底板厚度为 20cm，池壁厚也是 20cm，圆形拱顶板厚为 10cm。立壁上部有环梁，下部有趾形基础。顶板的拱度半径是 9.40m（图上 $R=9400mm$）。以上这些尺寸都是支模、放线应该了解的。

2）该图左侧标志了立壁、底板、顶板的配筋构造。主要具体标出立壁、立壁基础、底板坡角的配筋规格和数量。

3）立壁的竖向钢筋为 $\phi10$，间距 15cm，水平环向钢筋为 $\phi12$，间距 15cm。由于环向钢筋长度在 40m 以上，因此配料时必须考虑错开搭接，这是看图时应想到的。其他图上均有注写，读者可以自行理解。

4）图纸右下角还注明采用 C25 防水混凝土进行浇筑，这样使我们施工时就能知道浇筑的混凝土不是普通的混凝土，而是具有防水性能的 C25 混凝土。

（2）水池顶、顶板配筋图

1）图中可以看到左半圆是底板的配筋，分为上下两层，可以结合剖面图看出。底板下层中部没有配筋，仅在立壁下基础处有钢筋，沿周长分布。基础伸出趾的上部环向配筋为 $\phi10$，间距 20cm，从趾的外端一直放到立壁外侧边，辐射钢筋为 $\phi10$，其形状在剖面图上像个横写丁字，全圆共用辐射钢筋 224 根，长度是 0.75m。立壁基础底层钢筋也分为环向钢筋，用的是 $\phi12$，间距 15cm，放到离外圆 3.7m 为止。辐射钢筋为 $\phi12$，其形状在剖面图上呈一字形，全圆共用辐射钢筋 298 根，长度是 3.80m。

2）底板的上层钢筋，在立壁以内均为 $\phi12$，间距 15cm 的方格网配筋。

3）在右半面半个圆是表示顶板配筋图，其看图原理是一样的。这中间应注意的是顶板像一只倒扣的碗,因此辐射钢筋的长度,不能只从这张配筋平面图上简单地按半径计算,而应考虑到它的曲度的增长值。

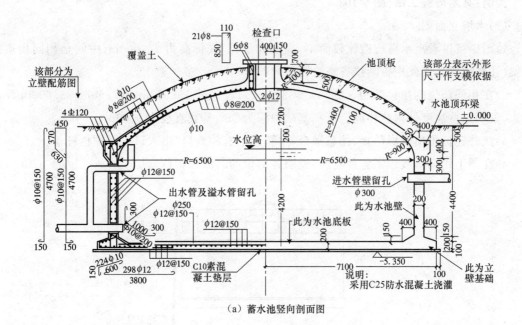

（a）蓄水池竖向剖面图

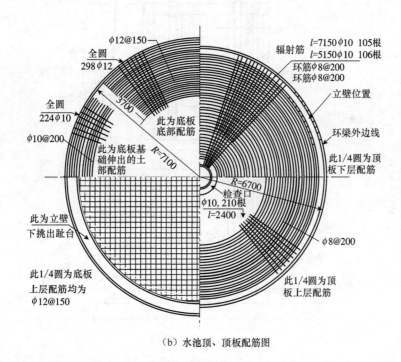

（b）水池顶、顶板配筋图

图 9-9　某蓄水池施工图

三、水塔施工图

实例:某水塔施工图(图 9-10)

(1)水塔立面图

1)图中可以看出水塔构造比较简单,顶部为水箱,底标高为 28.000m,中间是相同构造的框架(柱和拉梁),因此用折断线省略绘制相同部分。

2)在相同部位的拉梁处用 3.250m、7.250m、11.250m、15.250m、19.250m、23.600m 标高标志,说明这些高度处构造相同。下部基础埋深为 2m,基底直径为 9.60m。

3)此外还标志出爬梯位置、休息平台,水箱顶上有检查口(出入口)、周围栏杆等。

4)在图上用标志线作了各种注解,说明各部位的名称和构造。

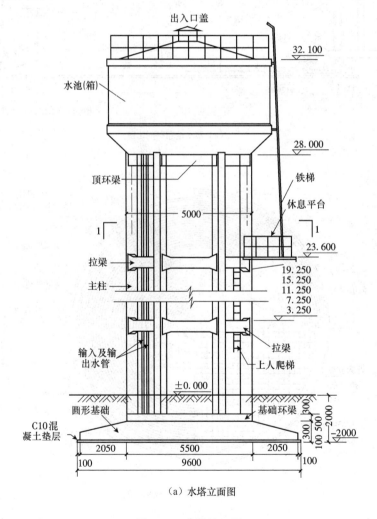

(a) 水塔立面图

图 9-10 水塔施工图

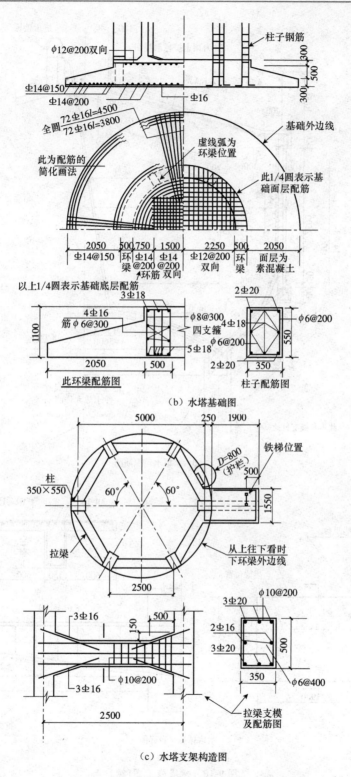

（b）水塔基础图

（c）水塔支架构造图

图 9-10 水塔施工图（续）

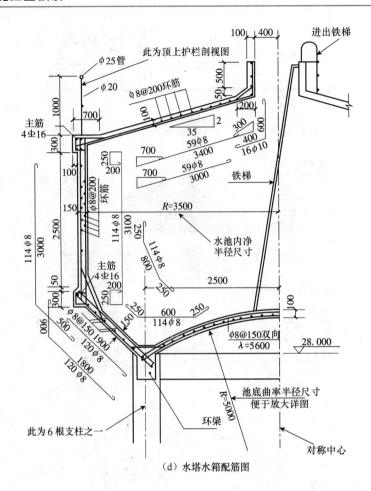

（d）水塔水箱配筋图

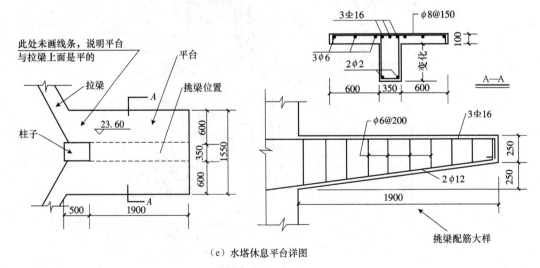

（e）水塔休息平台详图

图 9-10 水塔施工图（续）

(2)水塔基础图

1)图中表明底板直径、厚度、环梁位置和配筋构造。可以读出直径为 9.6m,厚度为 1.10m,四周有坡台,坡台从环梁边外伸 2.05m,坡台下厚 30cm,坡高 50cm。上部还有 30cm 台高才到底板上平面。这些都是木工支模时应记住的尺寸。

2)底板和环梁的配筋,由于配筋及圆形的对称性,用 1/4 圆表示基础底板的上层配筋构造,是 $\phi12$ 间距 20cm 的双向方格网配筋,范围在环梁以内,钢筋伸入环梁锚固。钢筋长度随环梁外周直径变化。另外 1/4 圆表示下层配筋,这是由中心方格网 $\phi14@200$ 和外部环向筋 $\phi14$(在环梁内间距 20cm,外部间距 15cm)、辐射筋 $\phi16$(长的 72 根和短的 72 根相间)组成了底部配筋布置。

3)图上还绘有环梁构造的横断面配筋图和柱子配筋断面图,根据它们的尺寸可以支模和配置钢筋施工。

(3)水塔支架构造图

1)图中可以看出框架的平面形状,它是立面图上 1—1 剖面的投影图。这个框架是六边形的;有 6 根柱子,6 根拉梁,柱与对称中心的连线在相邻两柱间为 60°角。平面图上还表示了中间休息平台的位置、尺寸和铁爬梯位置等。

2)拉梁的配筋构造图,表明拉梁的长度、断面尺寸、所用钢筋规格。图上还可看出拉梁两端与柱联结处的断面有变化,在纵向是成一八字形,因此在支模时应考虑模板的变化。

(4)水塔水箱配筋图

1)图中可以看到水箱内部铁梯的位置、周围栏杆的高度以及水箱外壳的厚度、配筋等结构情况。

2)图上看出水箱是圆形的,因为图中标志的内部净尺寸用 $R=3500mm$ 表示;它的顶板为斜的、底板是圆拱形的、外壁是折线形的,由于圆形的对称性,所以结构图只绘了一半水箱大小。

3)图上可以看出顶板厚 10cm,底下配有 $\phi8$ 钢筋。水箱立壁是内外两层钢筋,均为 $\phi8$ 规格,图上根据它们不同形状绘在立壁内外,环向钢筋内外层均为 $\phi8$,间距 20cm。在立壁上下各有一个环梁加强筒身,内配 4 根 $\phi16$ 钢筋。底板配筋为两层双向 $\phi8$,间距 20cm 的配筋,对于底板的曲率,应根据图上给出的 $R=5000mm$ 放出大样,才能算出模板尺寸配置形式和钢筋的确切长度。

4)水塔图纸中,水箱部分是最复杂的地方,钢筋和模板不是从简单的看图中就可以配料和安装,必须对图纸全部看明白后,再经过计算或放实体大样,才能准确备料进行施工。

(5)水塔休息平台详图

1)图中的平台大样图主要告诉我们平台的大小、挑梁的尺寸以及它们的配筋。

2)图上可以看出平台板与拉梁上标高一样平,因此连接部分拉梁外侧线图上就没有了。平台板厚 10cm,悬挑在挑梁的两侧。

3)配筋是 $\phi8$,间距 150mm;挑梁是柱子上伸出的,长 1.9m,断面由 50cm 高变为 25cm 高,上部是主筋用3φ16,下部是架立钢筋用2φ12;箍筋为φ6,间距200mm,随断面变化尺寸。

四、料仓施工图

实例:某料仓施工图(图9-11)

(1)料仓立面及剖面图

1)图中可以看出仓的外形高度——顶板上标高是21.50m,环梁处标高是6.50m,基础埋深是4.50m,基础底板厚为1m。还可以看出筒仓的大致构造,顶上为机房,15m高的筒体是料库,下部是出料的漏斗,这些部件的荷重通过环梁传给柱子,再传到基础。

2)平面图上可以看出筒仓之间的相互关系,筒仓中心到中心的尺寸是7.20m,基础直径为10.70m,占地范围是18.10m见方,柱子位置在筒仓互相垂直的中心线上,中间4根大柱子断面为1m见方,8根边柱断面为45cm见方。

3)看出筒仓和环梁仅在相邻处有联结,其他处均为各自独立的筒体。因此看了图就应考虑放线和支模时有关的应特别注意的地方。

(2)某筒仓壁部分配筋图

1)图中可以看出筒仓的尺寸大小,如内径为7.0m、壁厚为15cm、两个仓相连部分的水平距离是2m、筒仓中心相互尺寸是7.20m,这些尺寸给放线和制作安装模板提供了依据。

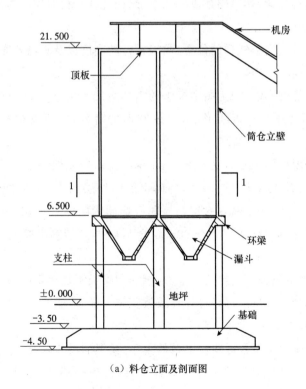

(a)料仓立面及剖面图

图9-11 料仓施工图

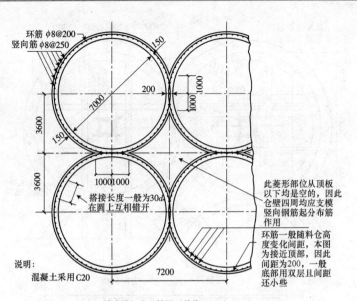

（b）筒仓壁部分配筋图（单位：mm）

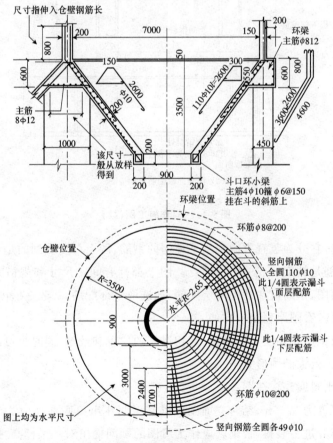

（c）筒仓底部出料漏斗构造图

图 9-11　料仓施工图（续）

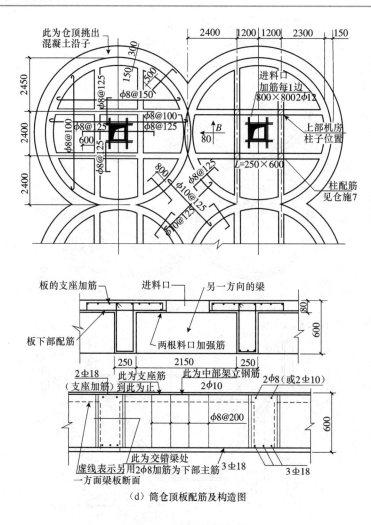

（d）筒仓顶板配筋及构造图

图 9-11 料仓施工图（续）

2）看配筋构造，它分为竖直方向和水平环向的钢筋，图上可以看到的是环筋是圆形黑线有部分搭接，竖向钢筋是被剖切成一个个圆点。图上都标有间距尺寸和规格大小。由于选取的是仓壁上部的剖面图，钢筋仅在外围单层配筋；如选取下部配筋，一般在壁内有双层配筋，钢筋比较多，也稍复杂些，看图原理是一样的。

3）应考虑竖向钢筋在长度上的搭接、互相错开的位置和数量，同时也可以想像得出整个钢筋绑完后，就像一个巨大的圆形笼子。

（3）筒仓底部出料漏斗构造图

1）图中漏斗深度为 3.55m，结合立面图可以算出漏斗出口底标高为 2.75m。这个高度可以使一般翻斗汽车开进去装料，否则就应作为看图的疑问提出对环梁标高，或漏斗深度尺寸是否确切的怀疑。再可看出漏斗上口直径为 7.00m，出口直径是 90cm，漏斗壁厚为 20cm，漏斗上部吊挂在环梁上，环梁高度为 60cm。根据这些尺寸，可以算出漏斗的坡度，各有关处圆周直径尺寸作为计算模板的依据,或作为木工放大样的依据。

2)从配筋构造中可以看出各部位钢筋的配置。漏斗钢筋分为两层,图纸采用竖向剖面和水平投影平面图将钢筋配置做了标志。上层仅上部半段有斜向钢筋 ϕ10 共 110 根,环向钢筋 ϕ8,间距 20cm。下层钢筋在整个斗壁上分布,斜向钢筋是 ϕ10,分为 3 种长度,每种全圆上共 49 根,环向钢筋是 ϕ10,间距 20cm。漏斗口为一个小的环梁加强斗口。环向主筋是 4 根 ϕ10,小钢箍 15cm 见方,间距是 15cm。斗上下层的斜筋钩住下面的一根主筋,使小环梁与斗壁形成一个整体。

(4)筒仓顶板配筋及构造图

1)如图 9-11(d)所示,每仓顶板由 4 根梁组成井字形状,支架在筒壁上。梁的上面是一块周边圆形并带 30cm 出沿的钢筋混凝土板。

2)梁的横断面尺寸是宽 25cm、高 60cm。梁的井字中心距离是 2.40m,梁中心到仓壁内侧的尺寸是 2.30m。板的厚度是 8cm,钢筋是双向配置。图上用十字符号表示双向,B 表示板,80 表示厚度。

3)板中间有一进料孔 80cm 见方,施工时必须留出,洞边还有各边加 2ϕ10 钢筋也需放置。

4)板的配筋在外围几块,由于圆周的变化,钢筋长度也是变化的,配料时必须计算。

5)梁的配筋在两梁交叉处要加双箍,这在配料绑扎时应注意。

6)梁上有钢筋切断处的标志点,以便计算梁上支座钢筋的长度,但本图上未注写支座到切断点尺寸,作为看图后应向设计人员提出的地方。不过根据一般经验,它的支座钢筋的一边长度可以按该边梁的净跨的 1/3 长计算,总长度为两边梁长的和的 1/3 加梁座宽即得。

7)图上在井字梁交点处的阴线部位注出上面有机房柱子,因此看图时就应去查机房的图,以便在筒仓顶板施工时做好准备,如插柱子、插筋等。

第三部分　建筑工程图实例

第十章

工程实例

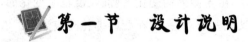 **第一节　设计说明**

一、设计依据及范围

(1)省级建设勘测研究院有限责任公司提供的《该市居民小区住宅工程岩土工程勘察报告》勘察编号 2000－001 详勘。

(2)关于同意建设本市居民小区住宅工程立项的复函(国家发展和改革委员会投字〈2009〉178 号)。

(3)本市规划委员会关于同意本市居民小区住宅工程规划设计方案的复函(2010 规复字0529 号)。

(4)甲方提供的该市居民小区的建设地点总地图《冀东国用(2009)第 10737 号》。

(5)甲方提供的设计条件及认可的设计方案和相关设计文件。

(6)本市居民小区住宅工程设计任务书及初步设计认定书。

(7)本项目施工图设计范围按合同进行,室内设计另行委托。

(8)建设工程设计合同,合同编号:2009134。

(9)国家现行有关设计规范、技术规范。

(10)本施工图包括建施、结施、水施、设施、电施等五个部分。

二、工程概况

(1)建设地点:本工程位于该市车站路与西宁道交汇处。东临丽景小区,南临时代广场。

本工程建筑性质为居住及其配套设施。

（2）总建筑面积：26251.34m²；其中：地上建筑面积：20082.27m²；地下建筑面积：6169.07m²。

（3）建筑技术指标及使用功能：住宅楼建筑面积：5049.50m²；其中地上建筑面积：4487.42m²；地下建筑面积：562.08m²。建筑层数：地上 11 层，地下 1 层。地上层为住宅。每层有两个单元共计住户 68 户。地下层为小区配套人员活动及物业管理用房。建筑高度：34.80m（结构高度）。

（4）建筑耐久年限：50 年；建筑类别：二类；建筑耐火等级：二级；抗震设防烈度：8 度。

（5）结构形式：地下车库为现浇钢筋混凝土框架结构，住宅部分为剪力墙结构；基础形式：地下车库为现浇钢筋混凝土条型基础，设 300 厚抗水板；住宅为钢筋混凝土筏板基础。

（6）停车数量：机动车停车数量，地上：15 辆；地下：135 辆。

（7）本工程设地下人防工程，共计 2880.16m²。

三、标高及单位

（1）本工程设计标高±0.000 相当于绝对标高 30.900m。

（2）各层标高为建筑完成面标高，屋面标高为结构标高。

（3）本工程标高以米（m）为单位，尺寸以毫米（mm）为单位。

四、墙体

（1）地下部分（±0.000 以下）。

外墙：

防水钢筋混凝土墙，抗渗等级人防部分 S8，其余部分 S6。

内墙：

200 厚陶粒混凝土空心砌块墙，地下部分用水泥砂浆砌筑，地上部分用混合砂浆砌筑。

潮湿房间隔墙须在砌墙位置浇筑 C20 细石混凝土条基，与墙同宽高出地面 100，待达到强度后方可砌墙。

机房及防火分区墙均为轻集料混凝土空心砌块墙（耐火极限＞3h）。墙厚见平面图。

楼梯间墙为 200 厚陶粒混凝土空心砌块及钢筋混凝土墙（耐火极限＞2h）。

其他部分墙为陶粒混凝土空心砌块，详见平面图。

地下设备用房隔墙，应留出可安装通道，在设备安装之后，方可最后砌筑完成。

管道竖井隔墙：

凡后砌墙均为 100、150、200 厚混凝土空心砖砌块。通风竖井内隔墙内抹灰要随砌随抹 20 厚 1∶2 水泥砂浆。

（2）地上部分（±0.000 以上）。

外墙：

为钢筋混凝土墙体,二层以下为90厚幕墙防火保温板(岩棉板夹心)、0.17厚防水透气膜、外挂花岗石面层。二层以上为90厚岩棉保温板,外墙面层为刷仿石涂料。

内墙:

内隔墙:除结构混凝土墙外均为200厚陶粒混凝土空心砌块墙,强度等级MU3.5,用M5水泥砂浆砌筑;

卫生间隔墙:为100厚内隔墙采用陶粒板条隔墙,200厚内隔墙采用陶粒混凝土空心砌块墙。

(3)内外墙留洞:钢筋混凝土墙预留洞,见建施、结施和设备施工图纸;非承重墙预留洞见建施和设备施工图纸。

(4)陶粒混凝土空心砌块墙砌筑前,应先浇筑细石混凝土基座,高150,宽同墙厚。

(5)设备立管及雨水管待安装后外包60厚陶粒加筋混凝土板并留检修口。

(6)蒸压加气混凝土砌块、陶粒混凝土空心砌块墙的构造柱、水平配筋带等做法见结施图。

(7)外墙保温做法:

执行《公共建筑节能设计标准》(GB 50189—2005);

建筑节能耗热指标见节能设计计算表;

保温材料及做法:外墙外保温采用岩棉保温板,传热系数小于0.6W/(m·k),做法详见材料做法表。

(8)卫生间隔墙为空心砌块时应采取相应措施以满足安装盆架、洁具、五金、拉手等需要。

(9)内隔墙构造措施详见《加气混凝土砌块墙》(05J3—4)、《轻质内隔墙》(05J3—6)。

(10)本工程所采用的陶粒混凝土空心砌块的性能应达到《轻集料混凝土小型空心砌块》(GB/T 15229—2011)标准密度等级5级;强度不小于5级。

五、屋面

屋面防水等级不低于Ⅱ级,传热系数不大于0.50W/(m·K)。

(1)屋-1(不上人屋面):

保护层:水泥砂浆保护层加防水剂;

防水层:3+3厚Ⅱ型SBS改性沥青防水卷材(两层);

找坡层:页岩陶粒找2%坡最薄处30厚;

保温层:80厚挤塑聚苯板保温。

(2)屋-2(上人屋面):

面层:10厚彩色釉面防滑地砖;

防水层:3+3厚Ⅱ型SBS改性沥青防水卷材(两层);

找坡层:页岩陶粒找2%坡最薄处30厚;

保温层:80厚挤塑聚苯板保温。

六、门窗

(1)门窗立面形式、开启方式、门窗用料及门窗五金的选用,见门窗详图;门窗加工尺寸要按门窗洞口尺寸减去相关外饰面的厚度。

(2)外门窗:

外门窗铝型材为断热桥型材,不小于 80 系列,铝型材室外一侧为深灰色,室内一侧为白色中空玻璃,各建筑具体要求详见节能计算表。铝门窗物理性能要求如下:抗风性能(Pa)>3000;气密性[m/(m·h)]<1.5;水密性(Pa)>350;隔声性能(dB)>30;

单层玻璃外门采用 10 厚白玻璃,局部配不锈钢框;

住宅与凸阳台相连的门及门联窗(落地)采用与外门窗相同的作法,该门窗内外颜色均为白色,其物理性能要求同外门窗;

所有门窗五金构件采用优质硅酮密封胶(白色)。外门窗立樘位置见墙身节点图,与墙体固定方法采用干法施工;

凡玻璃面积大于 1.5m² 均使用安全玻璃,落地窗 800 以下部分使用双层安全玻璃。

(3)内门窗:

内门窗立樘位置除注明外,单向、双向平开门立樘居墙中;

铝合金门窗除二次装修部位外均采用普通玻璃,深灰色铝合金框;

住宅入户门均为三防门。

(4)内门窗由装修二次设计。公共部分木门为松木夹板门,立樘居墙中。

(5)防火门:走道;楼梯间及前室防火门均装闭门器,双扇防火门均装顺序器;常开防火门须有自行关闭和信号反馈装置。

各层楼梯及电梯前室疏散门为乙级木质防火门。

水、空调、电气设备用房及电梯机房门为甲级钢制防火门。

管道井检修门均为丙级钢制防火门。管道井检修门定位与管道井外侧墙平;凡未注明距楼、地面高度者为 100 高,做 C15 混凝土门槛,宽同墙厚。

(6)外部卷帘门为铝合金卷帘门,颜色应经建筑师确认。

(7)门窗五金、闭门器、磁吸定位器由业主确定。

(8)门窗过梁、构造柱做法见结施图。

(9)住宅部分外窗距下面屋面平台、挑檐、公共走廊等高度不足 2.0m 时,应设防护措施。

七、室外工程

室外挑檐、雨蓬、台阶、窗井、坡道、散水、室外地面做法见立面图、总平面图及有关详图。

八、保温

(1)屋面保温做法见本说明"五"。

(2)有保温要求的楼板(车库顶板、外露楼板等)。

(3)地下一层无采暖设施和空调设施的楼板均做无机纤维喷涂防火保温。地上部分楼梯间、不采暖公共走道与相邻的采暖房间墙均做保温(具体部位见详图)。

(4)凡户内楼板露室外时,楼板做保温。

九、防水、防潮

(1)地下室防水:

地下室防水等级为一级,采用两道设防,其中一道为钢筋混凝土结构自防水,在该钢筋混凝土结构外侧做一道柔性防水层,并在防水层外做保护层,详见地下室墙身、底部详图。

地下室外墙及底板做全外包防水做法,防水层采用 3.0＋3.0 厚 SBS 橡胶改性沥青防水卷材,做法参见《地下工程防水》(05J2－B5)。

地下室外墙预留洞通道、穿墙管必须做好防水处理,做法详见 05J2 及做法详图。

变形缝、施工缝、转角处等部位为地下防水工程的薄弱环节,应做好细部处理防止渗漏。

(2)室内防水:

卫生间、淋浴间、厨房、空调机房、热交换间、水箱间等楼地面采用 1.5 厚聚氨酯防水涂膜,做法见详图;

卫生间、厨房、空调机房、热交换间、水箱间等潮湿房间以及与潮湿房间相隔的电气竖井和坡道等有防水要求的地面,采用 1.5 厚聚氨酯防水涂膜防水层,四周墙面高起 300,淋浴间四面墙壁高起 2100,水池一侧墙壁高起 1800;有防水要求的房间穿楼板立管均应预埋防水套管;其他房间穿楼板立管是否预埋套管,应按照设备专业要求做。

(3)管道穿外墙应加防水套管,详见 05J2－A24。

(4)地下室集水坑防水做法见详图。

(5)屋面防水见"五"说明,屋面工程施工应符合《屋面工程技术规范》(GB 50345—2012)。

(6)墙身防水(砌体墙)在室内地面以下标高－0.060 处做防潮层,防潮层做法为 20 厚 1：2 水泥砂浆加 3％防水剂(有钢筋混凝土圈梁者除外)。

(7)消防水池内衬无毒玻璃环氧树脂防水层,做法为:

六层玻璃布七层树脂防水层;

外涂瓷釉涂料。

十、防火

(1)防火分区见防火分区图。防烟分区由精装修设计确定。

(2)所有砌体墙(除说明者外)均砌至梁底或板底。

(3)所有管道井(除风井外)待管道安装后,在楼板处用耐火极限相同的后浇板作防火分隔并形成整体。

(4)管道穿过隔墙、楼板时,应采用不燃烧材料将其周围的缝隙填塞密实。

（5）防火墙两侧的窗距小于 2m 时，采用乙级防火玻璃窗，局部为固定扇，详见门窗详图。

（6）防火卷帘、防火门的选用应符合防火规范的要求。

（7）其他有关消防措施见各专业图。

十一、节能设计

（1）本工程住宅楼执行《居住建筑节能设计标准》[DB13(J)63—2007]。

部位	体型系数	南向窗墙比	北向窗墙比	东向窗墙比	西向窗墙比	备注
主楼	0.23	0.40	0.27	0.15	0.14	

（2）屋面节能：150 厚钢筋混凝土结构板敷 70，80 厚挤塑聚苯保温板（XPS），传热系数 $K=0.42;0.37W/(m^2 \cdot K)$。

（3）外墙节能：外墙为 200 厚钢筋混凝土墙，外贴岩棉厚分别为 90、80、50，传热系数 $K=0.39$、0.42、0.55W/(m^2 \cdot K)$。外墙建筑山墙为 200 厚钢筋混凝土墙外贴岩棉厚分别为 90、80，传热系数 $K=0.39$、0.42W/(m^2 \cdot K)$。C−D 座公建外墙为 200 厚加气混凝土砌块填充墙，外贴 80 厚岩棉外挂石材，传热系数 $K=0.42W/(m^2 \cdot K)$。凸窗顶、底、侧板保温层厚度同外墙。

（4）非采暖空调房间与采暖空调房间的隔墙：200 厚钢筋混凝土墙＋60 厚聚苯胶粉颗粒砂浆（或 40 厚挤塑聚苯板），传热系数 $K=0.88$、0.67W/(m^2 \cdot K)$。

（5）非采暖空调房间与采暖空调房间的楼板（地下室非采暖房间与首层采暖房间之间楼板）：150 厚钢筋混凝土楼板＋60 厚超细无机纤维喷涂保温材料，传热系数 $K=0.44W/(m^2 \cdot K)$。

（6）其他部位节能措施及传热系数详见各单体建筑节能计算表。

（7）外门窗：

所有外门窗均采用断桥铝合金窗框，(6＋12mm＋6)Low−E 中空玻璃；对各单体建筑不同朝向的外窗具体节能要求及 K 值详见各建筑节能计算表。

门窗的物理指标：

外门窗气密性能级别不低于现行国家标准（GB/T 7106−2008）规定的 6 级水平[$1.5 \geqslant q_1 > 1.0m^3/(h \cdot m)$]。

外门窗水密性能级别不低于现行国家标准（GB/T 7106−2008）规定的 3 级水平（$250Pa \leqslant \triangle P < 350Pa$）。

外门窗隔声量不低于现行国家标准（GB/T 8485−2008）规定的 3 级水平（$35db > R_w \geqslant 30db$）。

外门窗抗风压性能不低于现行国家标准（GB/T 7106−2008）规定的 5 级水平（$3.0 \leqslant P3 < 3.5kPa$）。

南向、东向外窗的遮阳系数 SC≤0.6，西向外窗遮阳系数 SC≤0.7。

本工程主体的保温均封闭，热桥如：挑檐、雨篷等上下均设有保温层，保温材料和厚度见墙身详图。

变形缝处均用岩棉(低密度)填实。

(8)保温材料物理性能指标:岩棉物理性能指标应符合以下规定:干密度＝80kg/m³,导热系数≤0.045W/(m²·K),燃烧性能等级为A级。

聚苯板物理性能指标:干密度＝20kg/m³,导热系数≤0.042W/(m²·K),抗拉强度≥0.1MPa,燃烧性能等级为B级。

挤塑聚苯板物理性能指标:干密度＝30kg/m³,导热系数≤0.030W/(m²·K),抗拉强度≥0.25MPa,燃烧性能等级为B₂级。

超细无机纤维喷涂物理性能指标:干密度见专业厂家说明,导热系数≤0.035W/(m²·K),燃烧性能等级为A级。

十二、建筑设备、设施

(1)电梯:

本工程电梯2部,电梯设计技术要求见电梯选型表;

电梯安装对土建的技术要求见电梯厂家图;

电梯选型表:定员:13人;载重:1000kg;速度:1.6m/s;基坑深度:1.5m;数量:2台。

(2)厨房设施:

餐厅厨房设施由业主确定,由厨具厂家设计,本图仅提供预留。住宅厨房家具由业主确定,本图仅提供预留。厨房家具由操作台、灶台、洗涤台三部分组成,厨房设抽油烟机、洗衣机、电冰箱、微波炉、电饭锅、洗碗机及热水器插座,墙体在固定上述电器及吊柜处均采取加固措施。插座随厨房面积有增减。

(3)卫生洁具:卫生间内预留洁具位置详见建施,洁具安装另定。

(4)灯具、送回风口等影响美观的器具须经建设单位与设计单位确认样品后,方可批量加工、安装。

十三、无障碍设计

(1)本工程在住宅和配套公建入口设置可供残疾人使用的坡道,其宽度为1200,坡度为8%。

(2)在建筑物的出入口及安全出口设国际通用标志用于指示方向。

(3)本项目采用的客用电梯为残疾人可使用的无障碍电梯。

十四、预留设计

(1)凡需特殊设计的部位均由专业厂商设计、施工。应在浇筑混凝土前提供预埋件要求及设计图纸。其构造节点及安全性均由厂商负责。

(2)地下室各层吊装孔梁四周设预埋件,其节点构造见结施图。

（3）地下室设备机房内设备基础待业主订货后配合出图。

（4）钢筋混凝土墙预留洞见结施图和设施图。

（5）非承重墙预留洞见设施图。

（6）地下室通风井、人防及车库出口的地上部分的建筑设计与小区景观设计配合进行。

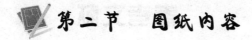

第二节 图纸内容

一、平面图

××小区 A 座屋顶平面图如图 10-1 所示（见书后插页）；××小区 A 座十一层跃层平面图如图 10-2 所示（见书后插页）；××小区 A 座十一层平面图如图 10-3 所示（见书后插页）；××小区 A 座二～十层平面图如图 10-4 所示（见书后插页）；××小区 A 座首层平面图如图 10-5 所示（见书后插页）；××小区 A 座地下一层平面图如图 10-6 所示（见书后插页）。

二、立面图

××小区 A 座南立面图如图 10-7 所示（见书后插页）；××小区 A 座东立面图如图 10-8 所示（见书后插页）；××小区 A 座北立面图如图 10-9 所示（见书后插页）；××小区 A 座西立面图如图 10-10 所示（见书后插页）。

三、剖面图

××小区 A 座 1—1 剖面图如图 10-11 所示（见书后插页）。

四、楼梯图

××小区 A 座 1♯楼电梯图如图 10-12 所示（见书后插页）。

五、门窗图

××小区 A 座门窗详图如图 10-13 所示（见书后插页）。

六、墙身图

××小区 A 座墙身详图如图 10-14 所示（见书后插页）。

七、大样图

××小区 A 座 A B C 户型大样图如图 10-15～图 10-17 所示（见书后插页）。

参考文献

[1]中华人民共和国住房和城乡建设部,中华人民共和国国家质量监督检验检疫总局.总图制图标准(GB/T 50103—2010)[S].北京:中国计划出版社,2011.

[2]中华人民共和国住房和城乡建设部,中华人民共和国国家质量监督检验检疫总局.房屋建筑制图统一标准(GB/T 50001—2010)[S].北京:中国计划出版社,2011.

[3]中华人民共和国住房和城乡建设部,中华人民共和国国家质量监督检验检疫总局.建筑制图标准(GB/T 50104—2010)[S].北京:中国计划出版社,2011.

[4]中华人民共和国住房和城乡建设部,中华人民共和国国家质量监督检验检疫总局.建筑结构制图标准(GB/T 50105—2010)[S].北京:中国建筑工业出版社,2010.

[5]高竞.怎样阅读建筑工程图[M].北京:中国建筑工业出版社,1998.

[6]朱育万.画法几何及土木工程制图[M].2版.北京:高等教育出版社,2001.

[7]宋兆全.画法几何及工程制图[M].2版.北京:中国铁道出版社,2003.

[8]刘政,徐祖茂.建筑工人速成识图[M].北京:机械工业出版社,2006.

[9]尚久明.建筑识图与房屋构造[M].北京:电子工业出版社,2006.

[10]梁玉成.建筑识图[M].北京:中国环境科学出版社,1998.

[11]建设部《城乡建设》编辑部.建筑工程施工识图入门[M].北京:中国电力出版社,2006.